厚道
做人的高级智慧

陆杰峰 编著

厚道做人，广结善缘
厚道做事，得道多助

中华工商联合出版社

前　言

厚道，就是做人不要太精明，不要太刻薄，不要太计较，不要太自私，不要太虚伪，不要太浮躁，不要太贪心……简而言之，就是做个实在人，吃老实饭，干老实事，莫让自己的行为太乖张，莫让自己的想法太极端。中国传统文化中的"厚德载物""厚德载福""厚积薄发"就是对厚道很好的解读。

其实，"厚道"一词并无十分固定的含义，它是一种精神的体现，是一种朴实的生存智慧。对自己厚道，能让自己快乐，让自己幸福；对别人厚道，能让人信赖，让人感动。**厚道人作为朋友，可交；作为伙伴，可信；作为师长，可敬；作为领导，可从；作为下属，可亲。**厚道人正直、诚实、讲信用、恪守原则、大肚能容、百事可忍、以和为贵、乐于助人、淡泊名利、有情有义，不会算计，不会欺骗，不会背叛。与厚道人打交道如沐春风，如三月里沉浸在春日的阳光之下。

厚道人心平气和，从来不会急功近利，总是脚踏实地，辛勤耕耘，所以才能一飞冲天；厚道人做事踏实，从不计较付出，所以才能收获良多；厚道人能吃苦，能在逆境中昂扬，在寂寞中坚守，所以厚道人不容易被打倒；厚道人耐得住困苦平凡，也就会接近成功；厚道人能知足，从来不会有无穷无尽的欲望，总是能够知足常乐，所以不容易被无法满足的欲望所折磨；厚道人心眼平，从来不苛求完美，他们的人生反而很圆满；厚道人有平常心，不会强求，他们的人生反而充满机缘。

　　生活中有些人喜好阴谋诡计，机关算尽，却不知心机越复杂，漏洞也就越多；反倒是厚道之人，不耍心机，自然也没有漏洞。有些人斤斤计较，绞尽脑汁想着占便宜，这样的人，看似便宜占尽，可总有吃大亏的一天；反观厚道之人，似乎总是在吃亏，而且也吃得心甘情愿，但他们总有吃亏吃出福来的一天。有些人一门心思钻研"成功的捷径"，总想着抄小路，走歪路，这样的做法固然可以取得一时的快意，但是，歪路看似近道，实则危机四伏，反而不如正道好走。

　　厚道为人，是一种最保险也最长远的人生准则，厚道为人，是一种最简单，也最无害的处世方针。厚道人能够明哲保身，所以厚道是一种生存之道；厚道人懂得务实奋进，所以厚道是一种进取之道；厚道人懂得大道至简，所以厚道是一种心灵之道；厚道人能够得道多助，所以厚道是一种处世之道；厚道人生财有道，所以厚道是一种财富之道；厚道人能够厚德服人，所以厚道是一种管理之道。

　　本书内容涉及自身修养、人际交往等诸多方面，将厚道的品质与大量富含哲理的故事相结合，联系当代人的生活困境，全方位地展示了厚道的智慧，并归纳了相关的人生哲理，以更贴近生活，更好地为读者指点迷津。厚德载物，大道至简。厚道为人，能让人生化繁为简，能让成功之路变成坦途。

目 录

第一章 不耍心计，是大智若愚

重剑无锋，大巧不工 /2

厚道比诡道更有效 /5

巧于心计，得不偿失 /8

第二章 表面吃亏，实际获益

逃避吃亏，就是拒绝成功 /14

人前吃亏，人后得福 /16

会吃小亏，才不用吃大亏 /18

第三章 宽厚善忍，方为龙象

难行能行，难忍能忍 /24

能忍小事，方能立大业 /27

肯受气才能飞得起 /30

第四章 务实不务虚,踏实不踏空

要巧干,更要实干 /34

侥幸一阵子,受害一辈子 /37

唯有埋头,才能出头 /39

第五章 付出真心,善待他人

存善念,行善行 /44

一言之善,善莫大焉 /47

虽为良医,愿人无病 /52

第六章 给人留情,是给自己留路

有福不可享尽,有势不可使尽 /56

留有余地,才能从容转身 /58

给人留面子,是给自己留里子 /60

第七章 利己先利人,双赢是长赢

帮别人成功,给自己铺路 /66

让别人得意,让自己满意 /68

唯有双赢才能长赢 /72

第八章　利不独享，义不容辞

把功劳多分几块送人 /76

不必揽功，因为功劳推不掉 /78

挑得起重担，走得了远路 /81

第九章　知恩图报，助人者人助之

投桃报李，为人也为己 /86

知恩图报是多赢的处世哲学 /89

最该报答的是那些寻常小事 /92

第十章　诚实可启人之信我

欺诈是饮鸩止渴 /96

骗到的是芝麻，丢失的会是西瓜 /98

言而无信，再言便再无人信 /101

第十一章　矫饰不如本色为真

君子坦荡荡，小人长戚戚 /106

面具总有被撕下的一天 /111

真实让你更受欢迎 /113

第十二章　正道直行，走得正才能行得远

歪路暗坑多，好看不好走　/118

站得直才能站得稳　/120

源清水自洁，正人先正己　/123

第十三章　通情达理，世态人情皆是道

认真但不必"较真"　/128

辱人者必自辱　/131

锦上添花，不如雪中送炭　/134

第十四章　贫不可媚，富不可骄

得意不能忘形，失意不可失态　/140

身在高处，应常反躬自省　/143

居上以仁，居下以智　/145

第十五章　谦恭礼让，以退为进

做事谦恭，不给别人压力　/150

谦和有礼，是立身的法宝　/153

人生在妥协中逐步推进　/155

第十六章　反躬自问，责人之前先责己

慎独，做自己的审判官　/162

从他人的眼中看自己　/165

自责总比指责好　/167

第十七章　不宽恕别人，就是苦自己

以恕己之心恕人　/172

苛求他人，等于孤立自己　/174

宽恕的是别人，解脱的是自己　/178

第十八章　以和为贵，汇聚四海心

"和而不同"是君子之和　/184

拆对手台，犹如断自己路　/187

互不相让不如互相欣赏　/191

第十九章　以德报怨，化恩怨为真情

大度为怀，不活在报复的恶梦里　/196

若得身心悦，去除仇恨心　/198

善待敌人，你就没有敌人　/201

第二十章　以不争为争，不争者常胜

不争才能赢，无为无不为　/206
有人跟你争论，你就让他赢　/208
争得有能力，让得有风度　/211

第一章

不耍心计,是大智若愚

重剑无锋，大巧不工

"三十辐共一毂，当其无，有车之用"，老子用比喻的方式向人们讲述了"中空无用有大用"的道理。古代造车，车毂的中心支点是一个小圆孔，由此向外周延，共有30根支柱辐辏，外包一个大圆圈，这便构成一个内外圆圈的大车轮。对这种以30辐辏合而构成的车轮来讲，没有哪一根支柱算是车轮载力的重点，因为30根平均受力，根根都发挥了特定的功能而完成转轮的使命，无所谓哪一根更重要。可是它的中心，却是空无一物，既不偏向支持任何一根支柱，也不做任何一根支柱的固定方向。正是因为圆孔中空无物，才能够承载多方力量，轮转无穷。这就是无用之用的大用，无为而无不为的妙。

透过车轮的自然法则，人们可以了解修身成就的要诀，即中空无物，任运于有无之间，虚怀无物，合众辅而成大力。"埏埴以为器，当其无，有器之用。"制作陶器，必须把泥土做成一个防范内外渗漏的周延外形，使它中间空空如也，才能使其在使用时，随意装载，达到效果。

人又何尝不是如此呢？看似无用，却是有大材，老子说："良贾深藏若虚，君子盛德容貌若愚。"真正的大用看似无用，实则是抱愚藏拙。这种人常常能包容一切人的长处，而自己却以"无用"的面目示人，比如汉高祖刘邦、汉昭烈帝刘备、水泊梁山的宋江，能揽有识之士，天下英雄尽入我囊中，皆是深谙此道。

《道德经》中提到一个问题："爱民治国，能无知乎？"这个问题，初看起来既矛盾又有趣。既然要爱民治国，肩挑天下大任，岂是无知无识的人所能做到的？上古的黄帝或者尧、舜，都是神武睿智，或生而能言，或知周万物，哪里有一个无知的人能完成爱民治国的重任？然而，老子此处并非明知故问、故弄玄虚，而是另有深意。

"知不知，尚矣；不知知，病也；是以圣人之不病也，以其病病也，是以不病。"这是在说明真是天纵睿智的人，绝不轻用自己的智能来处理天下大事，而是集思广益、博采众议，然后有所取裁。"知不知"与老子思想学术中心的"为无为"异曲同工，所谓智者恰如不智者，大智若愚，才能领导多方，完成大业。而英明神武之人，能成永世而不朽的功业，恰恰也正因为他善于运用众智而成其大智。

汉高祖刘邦，表面看来，满不在乎、大而化之，当他统一天下、登上帝位后，他坦白地说："夫运筹帷幄之中，决胜千里之外，吾不如子房；镇国家，抚百姓，给饷馈，不绝粮道，吾不如萧何；连百万之众，战必胜，攻必取，吾不如韩信。三者皆人杰，吾能用之，此吾所以取天下者也。项羽有一范增而不能用，此所以为吾擒也。"

所以，天纵睿智的最高境界便是大智若愚，大智若愚在《词源》里的解释是这样的：才智很高而不露锋芒，从表面上看好像愚笨。出自宋代苏轼《贺欧阳少帅致仕启》："大勇若怯，大智若愚。"大巧若拙，大音希声，大象无形，均有此意，表现的是以无化有的智慧。

有一位纪先生，以训练斗鸡闻名于世。齐王听说这个人以后，重金聘他到宫中训鸡。纪先生才养了十天，齐王就不耐烦地问："养好了没有？"纪先生答道："还没好，现在这些鸡还很骄傲，自大得不得了。"过了十天，齐王又来问，纪先生回答说："还不行，一看到人影晃动，就惊动起来。"又过了十天，齐王又来了，当然还是关心他的斗鸡，纪先生说："不成，它们还是目光犀利，盛气凌人。"十天后，齐王已经不抱希望了，但还是来看他的斗鸡。不料纪先生这回却说："差不多可以了，它们虽然有时候会啼叫，可是不会惊慌了，看上去好像木头做的鸡，精神上完全准备好了。其他鸡都不敢来挑战，只能落荒而逃。"原来，呆若木鸡不是真呆，只是看着呆，而实际上已经成了英勇善战的斗鸡了。活蹦乱跳、骄态毕露的鸡，不是最厉害的。目光凝聚、纹丝不动、呆似木头的鸡，才是鸡中高手。

人的各类形态就像这斗鸡的各个阶段，将能力表露在外面是人的天性。但貌似强悍、威风凛凛的人并不是最有能力的，真正有本领的人懂得保护自己的实力，不会轻易将才艺外露，做到韬光养晦才是聪明人所为。大智若愚，从某种意义上讲，是有智谋的人保护自己的一种处世计谋。过于聪明的人，常常是上司猜忌的对象。因为任何有所图谋的人，都有可能从事情刚开始筹划时便被识破。一旦发现有人独具慧眼，那么为了保全自己的一切，必会千方百计，不择手段地加以掩盖，散布流言，捏造罪名，甚至谋杀。古今中外，这样的事不胜枚举。所以一些真正有智慧的人，一般都采取守拙的方法，以保护自己。

好自夸其才者，必容易得罪于人；好批评他人之长短者，必容易招人之怨，此乃智者所不为也。故智者退藏其智，表面似愚，实则非愚，孔子也说："大智若愚，其智可及也，其愚不可及也。"锋芒毕露是容易的，但藏锋露拙却是不容易的；唯有洞悉世事、明察秋毫的人，才知大智若愚的深意。

厚道比诡道更有效

《孙子兵法》中说"兵者，诡道也"。说的是带兵打仗，是生死间的事情。在现实生活中，我们不必时时刻刻都想着走诡道，因为诡道艰险不要走，而且未必是捷径，很多时候，我们自以为机关算尽，其实反而不如不玩心计，老老实实来得更有效。因为诡道毕竟是一种复杂的把戏，越复杂，出错的概率就越大。而厚道为人，简单处世，该怎么样就怎么样，出问题的概率反而小。

因此，做人不能太精明了，不能老想着阴谋诡计算计别人，否则很有可能会得不偿失，聪明反被聪明误，弄巧成拙。

经常乘飞机的人会发现，由于托运的行李会不翼而飞或者里面有些易损的物品遭到损坏，向航空公司进行索赔，是一个很麻烦的事情。航空公司一般是根据实际价格给予赔付的，但有时某些物品的价值不容易估算，那怎么办呢？

有两个出去旅行的女孩，A小姐和B小姐，她们互不认识，各自在景德镇同一个瓷器店购买了一模一样的瓷器。当她们在机场取托运的行李时，发现瓷器可能由于运输途中的意外而遭到损坏，于是她们随即分别向航空公司提出索赔。因为物品没有发票等证明价格的凭证，于是航空公司内部评估人员估算了价值应该在1000元以内。为了知道该瓷器的确切价格，航空公司分别告诉这两位女孩，让她们把当时购买瓷器的价格写下来。

航空公司认为，如果这两位小姐都是诚实可信的厚道人的话，那么她们写下来的价格应该是一样的，如果不一样的话，则必然有人说谎。而说谎的人总是为了能获得更多的赔偿，所以可以认为申报的瓷器价格较低的那位小姐相对更加可信，并会采用两位中较低的那个价格作为赔偿金额，同时会给予那位给出更低价格的诚实小姐200元的奖励。

这时，两位小姐各自心里就要想了，航空公司认为这个瓷器价值在1000元以内，而且如果自己给出的损失价格比另一个人低的话，就可以额外再得到200元，而自己实际损失是888元。A小姐想，"航空公司不知道具体价格，那么B小姐肯定会认为多报损失多得益，只要不超过1000元即可，那么最有可能报的价格是900元到1000元之间的某一个价格。那我就报890元，这样航空公司肯定认为我是诚实的好姑娘，奖励我200元，这样我实际就可以获得1090元。"

而 B 小姐也想，"有句话说得好，人不犯我，我不犯人；人若犯我，我必犯人。她既然算计我，要写 890 元，我也要报复。所以，我就填 888 元原价。"

而 A 小姐也不是吃素的，"估计她会算到我要写 890 元，她可能就填真实价格了，那我要来个更绝的，我来个以退为攻的战略，我填 880 元，低于真实价格，这下她肯定想不到了吧！"

我们都知道，下棋、计谋之类的东西关键是要能算得比对手更远，于是这两个极其精明的人相互算计，最后，她们可能都会填 689 元。她们都认为，原价是 888 元，而自己填 689 元肯定是最低了，加上奖励的 200 元，就是 889 元，还能赚 1 元。

这两个人算计别人的本事旗鼓相当，她们都暗自为自己最终填了 689 元而感到兴奋不已。最后，航空公司收到她们的申报损失，发现两个人都填了 689 元，料想这两个人都是诚实守信的好姑娘，航空公司本来预算的 2198 元的赔偿金现在只要赔偿 1378 元。

而两个人各自只能拿到 689 元，还不足以弥补瓷器本来的损失，真是亏大了！本来她们俩可以商量好都填 1000 元，这样她们各自都可以拿到 1000 元的赔偿金，而就是因为互相都要算计对方，要拿得比对方多，最后搞得大家都不得益。这个就是著名的"旅行者困境"博弈模型。

这个模型告诉我们一个简单的道理，诡道很多时候不如厚道来得有效，时刻想着算计别人，很有可能把自己也算计进去。如果当时两个人都能够厚道些，不要想着算计别人，而是实话实说,至少她们的损失不会这么惨重。

所以,做人还是要厚道,诡计有时候能得逞,但是诡计越复杂,失败的概率就越大。别人并不比你笨,你自以为自己很精明,其实别人跟你一样精明,害人不成反而会害己。

确实,厚道做人很多时候收益不如玩诡计来得大,但是损失同样会少很多,而做人太精明,时刻想着玩诡计,固然有可能侥幸获得大收益,但更有可能亏上血本。既然如此,何不放下精明,老老实实做人呢?从长远看,这样的收益反而会更大。

巧于心计,得不偿失

"天下有没有傻瓜?有的,但却不是被别人称作'傻瓜'的人,而是认为别人是傻瓜的人,这样的人自己才是天下最大的傻瓜。"这是季羡林先生为"傻瓜"下的定义,这些傻瓜,却偏偏都是那些自以为聪明的人。

聪明是一种先天的东西,人们总是羡慕聪明人的智商,殊不知这种表面的光芒不一定能令聪明人成功,现实生活中也确实存在着众多一事无成的聪明人。"聪明"这种天赋犹如水一样,可以载舟,也可以覆舟。

世界上有一种人,确实拥有聪明的天赋,他们思维敏捷、逻辑清晰、知识渊博,因而也常常自以为了不起,甚至觉得天下没有人比自己聪明,便处处算计,自以为巧计无痕,占足了便宜，而最后常常被人揭穿面目，成为可笑之人，所有费尽心思的伎俩成为他人茶余饭后的笑谈；还有一种人，总是自作聪明，甚至不懂装懂，自以为看穿了世间一切玄机，以为自己的巧妙算计定能如己所愿，然而不仅未能得到所期待的东西，反而失去了更多。

季羡林先生在《傻瓜》一文中讽刺了某些自作聪明的人。这些人往往以为自己最聪明，终日争名争利，锱铢必较，斤两必争。当正当的手段无法帮他们实现目的的时候，他们便会通过一些背地里的小动作实现自己的利益。然而，纵使机关算尽，虽然一时有所收获，最后却往往得而复失，甚至"赔了夫人又折兵"，这些人会从"春风得意马蹄疾，一日看遍长安花"的巅峰跌落深渊。把别人当傻瓜的人，最后一定会自食苦果。

把别人当傻瓜的现象，自古亦然，于今尤烈。有这样一个故事，提醒着我们太工于心计却未必能得到理想的结果。

有一对夫妻开了家烧酒店。

丈夫是个老实人，为人真诚、热情，制作的酒也好。一传十，十传百，酒店生意兴隆，常常是供不应求。

看到生意如此之好，夫妻俩决定把挣来的钱投进去，再添置一台烧酒设备，扩大生产规模，增加酒的产量。这样，一可满足顾客需求，二可增加收入，早日致富。

这天，丈夫外出购买设备，临行之前把酒店的事都交给了妻子，叮嘱妻子一定要善待每一位顾客，诚实经营，不要与顾客发生争吵……

一个月以后，丈夫外出归来。妻子一见丈夫，便按捺不住内心的激动，高兴地说："这几天，我可知道了做生意的秘诀，像你那样永远发不了财。"丈夫一脸愕然，不解地说："做生意靠的是信誉，咱家的酒好，卖的量足，价钱合理，所以大伙才愿意买咱家的酒，除此还能有什么秘诀？"

妻子听后，用手指着丈夫的头，自作聪明地说："你这榆木脑袋，现在谁还像你这样做生意，你知道吗？这几天我赚的钱比过去一个月挣的还多。秘诀就是，我给酒里兑了水。"

丈夫一听，肺都要气炸了，他没想到，妻子竟然会往酒里兑水，他把剩下的酒全部都倒掉了。他知道妻子这种坑害顾客的行为，将他们苦心经营的烧酒店的牌子砸了，也知道这意味着什么。

从那以后，尽管丈夫想了许多办法，竭力挽回妻子给烧酒店信誉所带来的损害，可"酒里兑水"这件事还是让烧酒店的生意日渐冷清，后来烧酒店不得不关门停业了。

故事中的妻子骂丈夫是"榆木脑袋"，却没料到自己的心计枉费，不仅未能如愿，反而毁了店铺的清誉，一旦丧失信誉，一切都会随之贬值并且难以弥补。老板娘自以为往酒里兑水的事情能够瞒天过海，正是犯了认为别人是傻瓜的错误。

真正的聪明人并不会标榜自己无所不知无所不晓，也不会用一些卑劣的技巧来求取利益。只有那些自以为是、实则愚笨的人才会做出这样的行为。真正聪明的人永远不会将别人看低，他们的视角不是俯视而是平视甚至仰视，在他们心中，永远将别人抬高而将自己放低,这是高深的处世智慧。

苏东坡聪明一世,不过却因聪明而宦海沉浮,他曾经写诗云:"人皆养子望聪明,我被聪明误一生。唯愿孩儿愚且鲁,无灾无难到公卿。"所谓"聪明反被聪明误",与其自作聪明、作茧自缚,不如摒弃这些小聪明,才能赢得大智慧。

第二章
表面吃亏,实际获益

逃避吃亏，就是拒绝成功

这个世界上总有一些精明过了头的人，任何时候都不愿意吃亏，就算拔一毛能利天下他也不愿意做，千方百计地想要逃避吃亏，殊不知，"天之道，损有余而补不足"，这个世界上哪有一直能够占便宜的事情？很多时候，你自以为逃过了一次吃亏的机会，其实你是错过了一次成功。

张拉和黄拓同时进公司，勤勤恳恳地干了三年，终于熬到了升职的机会，可惜名额只有一个。本来，张拉和黄拓能力不相上下，谁能最后升职，就看这最后三个月的表现了。可是，就在张拉出差期间，公司分配来了两个新人。等她赶回来时，好一点的新人早已被黄拓"认领"了，只剩下一个典型的"歪瓜裂枣"，一个据说只在民办大专里读了两年就跑出来混的小男生。

人事经理对她说："张拉，你回来晚了，就只好让黄拓先挑人了。这个人是临时招进来的，你随便指导指导，不出错就好了。"

张拉微笑点头，心里却想，"我做了那么多年，还不明白你们那一套？就算我呕心沥血把他教成了优秀员工，你们也不见得满意。再说，晋职指标只有一个，如果我这时候输给了黄拓，说不定就输得一败涂地。可要想赢过黄拓简直太难了，人家指导的新人是正规大学的毕业生，还在多家知名企业里实习过。看来，这个亏我是吃定了。"

想是这么想，但张拉还是尽心尽力地指导着新人，即使新人再"不开窍"，张拉也保持着足够的耐心。

其实大家都很同情张拉。她指导的那个小男生确实比较愚钝，一张简单的报表，别人花15分钟就可以搞定，他却要花上近两个小时，每天都要加班到很晚才能完成当天的任务量。张拉为此头疼得要命，只能每天下班后都留在办公室里陪他加班。好多次老板从外面谈完生意回到公司，都能看到张拉在指导新来的员工。

三个月后新员工试用期考察结束，尽管张拉费尽力气，她指导的新人依然远远落后于黄拓带的新人。但出乎大家意料的是，张拉却赢得了部门里唯一一个升职指标。

原来，因为公司老板和人事经理都知道这个新员工的素质比较差，也多次目睹张拉指导新员工的场面，他们都觉得张拉厚道、大气，是当领导的料。于是，最后张拉获得了升职的机会。

张拉表面上吃了亏，却获得了老板的认可。而黄拓一上来就挑走了新人，一点亏都不肯吃，结果却失去了升职的机会。

在生活中，这样的人很多。一些人目光只会停留在眼前利益，无论做什么都不舍一分，只求独吞利益，常常因一时赚得小利，而不顾长远之大利，可谓捡了芝麻，丢了西瓜。

人生中，是看到眼前的比较直接的小利益，还是把眼光放长远一些，发现更大但可能比较隐蔽的大利益呢？这可是个很大的学问。

很多人往往见便宜就想得，生怕自己吃亏，这样一来，自己的路会越走越窄，也很难有大便宜到手。聪明的人则懂得吃亏，自己吃了点亏，让别人得利，就能最大限度调动别人的积极性，使自己的事业兴旺发达。吃亏是福，吃小亏有时可以获得大便宜。

善于吃亏是获得大便宜的一种策略，这是智者的智慧。

人前吃亏，人后得福

俗话说，吃亏是福。为了总体目标，为了整体利益，我们要敢于吃小亏，善于吃小亏，真正做到人前吃亏，人后得福。此中的精妙只有少数人才懂得。

吃亏是福，只有厚道人才能真正领悟这样的智慧。不管你是做老板也好，还是做生意场上的伙伴也罢，只有跟你合作的人有日子过、有奔头，他才会一心一意与你维持着关系。因为他知道只要你好了，他就能好。如果别人跟你合作却总是得不到好处，自然也就会朝三暮四了。

所以，这就是厚道人的优势，在人前他仿佛是吃了亏，实际上，他是得了福。

当然，吃亏也必须讲究方法和技巧。所谓人前吃亏，人后得福，关键是吃亏要在人前。也就是说亏不能乱吃，有的人为了息事宁人，去吃亏，吃暗亏，结果只是"哑巴吃黄连，有苦难言"。孙权就是这样，为了得到荆州，假意让自己的妹妹嫁给刘备，结果在诸葛亮的巧妙安排下，孙权不仅赔了妹妹，而且还折了兵。荆州还是在刘备手中，孙权这个亏未免吃得太不值得了。所以，亏要吃在明处，至少也该让对方意识到。

你吃亏就成了施者，朋友则成了受者，看上去是你吃了亏，他得了益，然而朋友却欠了你一个人情，在友谊、情感的天平上，你已经增加了一个筹码，这是比金钱、财富更值得你珍视的东西。吃亏，会让你在朋友眼里变得豁达、宽厚，让你获得更深的友情。这当然会使朋友更心甘情愿地帮助你。

很多时候，"吃亏是福"本身是一个利益交换等式，为什么有些老实人仿佛一直在吃亏，却总是没有等来福，关键就是他总是在吃闷亏，这就不是厚道，而是老实过了头，吃傻亏。

王东平是一家保险器材公司的销售员，有一次，他接到某客户的一张单子，数额并不小，王东平想方设法要赢得这笔单子。刚开始，王东平报给对方的是公司合理的器材报价表，但是客户却嫌价格高了，要王东平降价。王东平请示了公司，这已经是价格的底线了。为了赢得订单，王东平决定自己吃个亏，他在没有对客户明说的情况下，用自己的提成作为补贴，降低了器材的价格来满足客户降低价格的要求。

他以为自己吃了大亏，帮客户降低了价格，客户一定会明白他的诚意而感谢自己。目前吃点亏，拉住一个大客户，把他变成老客户之后能够获得更多的订单，这样从长远来看也可以赚得更多。但实际上这却是王东平一厢情愿的想法，是行不通的。他主动放弃自己的提成，客户并不会领情，相反，只会认为是自己会砍价，这个低价是自己争来的，甚至他还会觉得王东平开始吞吞吐吐不肯降价是在耍手段。这种情况下，如果王东平还想请客户把其他订单交给他，客户根本不会帮忙，因为客户一点都不感激王东平。

厚道的人不怕吃亏，但吃亏不能吃暗亏，吃闷亏。小故事给我们一个很大的启示，那就是，亏要吃在明处，既然吃了亏，就要让吃亏吃得有价值。

明明白白地吃亏，让别人知道你是主动吃亏，认同你的吃亏，感谢你的吃亏。

总之，为了总体目标，为了整体利益，我们要敢于吃小亏，还要善于吃小亏，真正做到人前吃亏，人后得福。

会吃小亏，才不用吃大亏

人活着总有吃亏的时候，有的时候如果能够主动去吃小亏，至少可以不吃大亏，若是连眼前小亏都不肯吃，那么最后吃大亏也是在所难免的了。

唐初的谋臣刘文静是策划李世民起兵反隋的大功臣，在后来的征战中也是战功累累。李世民手下还有一个谋臣叫裴寂，相比之下，裴寂的资历要浅一些，但他善于结交李渊，甚至将隋炀帝的宫女私自送给李渊，与李渊在酒桌上称兄道弟，跟李渊的私交很好。

李渊称帝后，对裴寂十分重用，授予他右丞相之职，每次上朝与他同登御座，对他言听计从，赏赐无数。而刘文静就显得有点受冷落，只是一个小小的尚书，他感到很不公平，每次上朝故意与裴寂唱反调，渐渐地，两个人成了死对头。

有一次，刘文静在上朝时，受到裴寂的一番奚落，回到家中仍余气未消，以刀击柱，发誓说："我一定要杀掉裴寂，以解我心头之恨！"哪里想到隔墙有耳，刘文静的话被传了出去，告上了朝廷。刘文静不服气地说："当初起兵时，我的地位在裴寂之上，如今裴寂被授予高官，而我的官职比他低了许多，所以心怀不满，酒醉之后说些过头的话也是人之常情。"这话被李渊听到后十分生气，认定刘文静是蓄意谋反，决定将他处死。朝中多数大臣都为刘文静说好话，据理力争。

其实，李渊觉得刘文静与自己比较疏远，总是不放心，想趁此机会除掉刘文静。裴寂看出了李渊的心思，火上浇油地说："刘文静的确立过大功，无奈他已经有了反心，如今天下还不太平，若是赦免了他，肯定会成为后患。"这话正中李渊的下怀，李渊立即宣布将刘文静处死。

飞鸟尽，良弓藏，狡兔死，走狗烹。在天下安定的时候，功臣在帝王眼中的地位就是眼中钉，肉中刺，吃点亏在所难免，能保住命就已经很不错了。但是，刘文静却连被裴寂奚落这点小小的亏都不肯吃，一时之间的牢骚，最后断送了他的性命。其实，历史上的功臣名将哪一个打完仗后不是吃了大亏的，相比于萧何、韩信、徐达、常遇春等，刘文静的待遇已经很不错了，如果能够忍一忍，或许不会有杀身之祸了。

相比之下，南宋的宰相朱胜非就明白这个道理，吃了小亏，却避免了吃更大的亏。

朱胜非是宋高宗赵构一朝的宰相，靖康之变后，宋高宗仓皇南下，迁都杭州。大臣苗傅、刘正彦等人多次提议收复河北，但赵构始终置若罔闻。一气之下，苗傅、刘正彦二人发动了政变，趁机杀死了无能的王渊，而后带兵直闯宫中，杀了百余名官，见宋高宗说："陛下赏罚不明，战士们为国流血流汗，不见奖赏，而宦官逆臣不见为国做事，却得以厚赏。宦官王渊遇敌不战，抢先逃走，其同党内侍康履，更是贪生怕死之徒，这样的人居然得到重用，如何服众将士？现在王渊已经被我二人斩首，但是康履仍在陛下身边，为了能够安慰陛下手下的将士，请陛下也将此人斩首。"

宋高宗无奈，只得杀了康履以求自保。哪知苗傅等人得寸进尺，要求把自己封为高官，并坚持让太后垂帘听政，还要赵构禅让皇位给太子。

宰相朱胜非出来劝阻，可是，苗、刘二人的意图却十分坚定，完全没有改变心意的想法。宋高宗左右为难，害怕苗、刘二人一旦带人杀入宫中，到时更无回天之力，但是，让他屈服又实在是有点办不到。

于是宋高宗试探着问朱胜非说:"要我退位倒也不是不可以,但这样的大事一定要有太后手诏才可以进行。"于是,宰相朱胜非就顺势对宋高宗说:"我曾听苗傅的一个心腹说过,他二人虽有忠心,但是没文化,又生性固执,现在想要说服他们罢手是不可能的,所以陛下还是暂且禅位,防止两人怒向胆边生,发兵打进宫来。"

这样,宋高宗让位给皇太子,皇太后垂帘听政。此后,国家大事都由宰相朱胜非处理。朱胜非怕引起苗、刘两人怀疑,于是,他每天都让他二人上殿议事。但苗傅发现宋高宗仍然在暗中处理国事,于是便与刘正彦又提出了一个更过分的要求:让宋高宗迁出皇宫。

宋高宗得知消息后暴跳如雷,说道:"他们也太过分了,居然敢来干涉我的起居!"

然而,朱胜非则加以劝阻:"陛下,暂时去显宁寺居住也未尝不可。这样就不会再遭怀疑,又能确保您的安全。现在大权在此二人手里,还是暂时忍耐为妙。"宋高宗虽心有不甘,但此时也很无奈,只得听从朱胜非的建议了。

宋高宗出宫不久,平江留守张浚等人率领的十余万勤王部队开抵了杭州城下,声言讨逆。

苗、刘两人没有太多作战经验,见大兵压境,他们便慌了手脚,不知如何是好。于是和宰相朱胜非商议对策,朱胜非说:"此时兵临城下,要打的话,我们没有足够的兵力。我认为速请高宗回朝,才为上策!"二人虽然最不愿走这条路,可是再三思考，没有其他更好的办法，只有听从朱胜非的建议，请宋高宗复位。就这样，宋高宗又当回了皇帝，而苗、刘二人不久便被处死。

朱胜非在这场政治风波中展现出了高超的智慧和远见。先是劝宋高宗退位，然后让出了自己宰相的权柄和两人共同处理国事，表面上确实是吃了不少亏，但是，如果他不这么做的话，一旦宋高宗被废弃，那么他作为前任宰相，吃的亏恐怕会更大。

人须有长远的眼光，常言道："人无远虑，必有近忧。"眼光一定要看得长远，如果一味地计较眼前的小亏，很有可能躲过了小亏，将来却吃了大亏。

第三章
宽厚善忍,方为龙象

难行能行，难忍能忍

佛祖明知修行苦，也要修行。玄奘明知取经难，仍不远千里到印度取经。修佛如同生活，世路难行仍要行。

难行要行，难忍要忍，忍耐是成就一项事业的必需，忍耐能让你在清净沉寂中体会生命的幸福。正如一位学者说的："忍耐和坚持是痛苦的，但它会逐渐给你带来幸福。"

"忍"，是修行佛道必须具备的心理姿态。这其中的忍是智慧，是力量，是认识、担当、负责、化解的意思。佛教讲"忍"有三个层次：即生忍、法忍、无生法忍。所谓"生忍"，即是一个人要维持生命，必须能忍。所谓"法忍"，就是除了维持基本的生存条件之外，还要活得自在，所以心理上的贪嗔痴成见，都要能自我克制，自我疏通。对于生老病死、忧悲苦恼、功名利禄、人情冷暖等，不但不为所动，而且要能真正地认知、处理、化解、消除。所谓"无生法忍"，字面意义上解释是，"无（有）生（灭），（诸）法（受）忍，（不受有生有灭）。"

以平常的话来说，佛教所谓的"忍"，即是能够克制各种欲望，使自己心态平和，继而得到心灵上的自在。忍之于追求佛道的人来说，是一种修行的方法，看似不适合普通人，但其实常人如能领会"忍"的意旨，对日常生活将会大有裨益。

佛陀住世时，舍卫城中住着一位名叫须赖的赤贫佛弟子。虽然他生活贫穷但丝毫不把贫苦放在心上，寡欲知足。

须赖艰苦卓绝、一心向道的愿行，使他善名远播。忉利天主释提桓因忌妒他的修行，恐怕他取代天主的位子，于是释提桓因以其神通力，化作一群人，向须赖住处走去。须赖在家突然听到门外有人谩骂嘲笑他，丝毫不为所动，不发一语地继续禅修着。于是，这群化人改以刀杖瓦石破坏须赖的住处，危害他的身体，但须赖仍然安忍于他们迫害与侮辱，甚至对他们心怀悲悯。

两次试验都没办法动摇须赖的心志，于是释提桓因化身成另外一个人威胁须赖："倘若他们要来杀害你了，你该怎么办！"须赖以平稳的口气回答："善有善报，恶有恶报。假若有人想要将我杀了，我对他既不愤恨，也不会想报复，反而十分同情他们。因为将来他们会自作自受，得到堕落恶道的果报。"

再次失败的释提桓因决定采用利诱的方式，他变化成许多人与一座金光闪闪的七层宝塔，诱惑须赖收下金塔。

"谢谢你的好意，但我自知今生的贫困乃是过去生所种下的因。假若现在轻易接受了这座金塔，来世恐怕会更加困苦了。"显然，财宝无法迷惑须赖的心。于是释提桓因又现另一个化人，试图以人情说服他收下价值连城的珍珠，无奈又被拒绝了；再派遣娇艳无比的天女下凡，以美貌来诱惑须赖放弃修行，同样是无功而返。

最后，释提桓因终于按捺不住了，亲自来到人间问须赖："请问大德，究竟你所追求的目标是什么？是怎样的愿心，让你对修行如此坚定呢？忉利天主之位是大家所渴望的，莫非你也想追求？"

须赖摇摇头说："我所衷心企求的，就只是令世间所有苦难的众生出离苦海而已，再没有别的了。"

忉利天主听到须赖的答复，深受感动，欢喜赞叹他能以无比的悲心愿力，难行能行，难忍能忍，即发愿带领诸天护持须赖的愿力及修行。

须赖因其修持忍辱的因心是为了众生，而不是为自己，因此不论遭遇威逼杀害，或是名利财色，种种的顺逆境考验都无法动摇他的心志。佛家修行中十分看重因心。只要因心正确，不论遇到何种境界，都能够圆满忍辱波罗蜜，成就佛果。

我们平时所说的忍，通常即是忍耐。忍耐是一种很高的智慧，缺少忍耐常常使事情难以圆满解决，甚至会因一时愤怒酿成大错或大祸，这在现实生活中绝非少见。古希腊哲学家毕达哥拉斯认为人在盛怒下常常会做出不理智的行为，他说："愤怒从愚蠢开始，以后悔告终。"培根则告诫道："无论你怎么表示愤怒，都不要做出任何无法挽回的事来。"

从某种意义上说，忍耐是一种保全谋略，因为小不忍则乱大谋，因为风物长宜放眼量。忍耐是一种弹性前进策略，它是生活的延长线，就像战争中的防御和后退有时恰恰是赢得胜利的一种必要准备。

生活中我们要有忍耐精神，因为生活中纷扰不断，若总以"得理不饶人"的心态去面对，自然会让自己处于一种孤立的境地,因此,应该学会忍耐。

当然,忍耐不是单纯的品格个性,它是一种谋略。善于利用忍耐有助于事态向好的方面发展,反之就会恶化,所以说忍耐并不是逆来顺受,屈服于命运。生活的艰辛在人们的心中埋下了太多的隐痛,忍耐却可使人相信,风雨过后必见彩虹。

能忍小事,方能立大业

咸丰二年(1852),咸丰帝钦点曾国藩为湖南帮办团练大臣。当时,曾国藩正在为母亲守孝,接到圣旨,不敢怠慢,赶紧收拾行李去了长沙。

在长沙城里,驻扎的不仅有湘军,还有清廷的正规军——绿营兵。自从清军入关,到咸丰时期已经有200多年的历史了,绿营兵早已没了当年的英勇,战斗力极差。可是,清廷一向娇惯绿营兵,平日里他们不是喝酒就是吸大烟,根本就不参加正规的训练。这让曾国藩倍感棘手。

他试图将绿营兵和湘军放在一起训练,但那些习惯了懒散生活的绿营兵,让他们在烈日里训练,简直像要了他们的命。于是,曾国藩特意让湘军将领塔齐布做总指挥,负责两支军队的训练。这样的安排引发了绿营兵将领的不满,暗中煽动,绿营兵对曾国藩和塔齐布产生敌意。

平日里,因为湘军的军饷比绿营兵的高,所以绿营兵总是喜欢找湘军的麻烦，军营里也常常发生两军的械斗事件。本着息事宁人的态度，每一次曾国藩都会对参加械斗的湘军进行严惩，但是绿营兵的将领对其部将犯下的错误不闻不问。这样，绿营兵更加有恃无恐地对湘军进行挑衅。

一天，塔齐布带着几个关系比较好的湘军去吃饭，恰好遇上了几个绿营兵在街上酒后闹事。他们几个人看到了塔齐布，冲上来一顿拳打脚踢。血气方刚的湘军看不下去了，冲上去教训了那几个绿营兵。绿营兵的战斗力不强，再加上人少，只有挨打的份，他们很快就招架不住逃跑了。

待塔齐布等人吃过饭后回到营地，突然从四面冲出100多名绿营兵，将他们团团围住。塔齐布一看大事不妙，掉头就跑。绿营兵在后面一路追到了塔齐布落脚的参将府，依然没有找到他的影子，愤怒之下，一把火烧了参将府。

绿营兵的将领眼见众怒难平，趁机点火，说了很多曾国藩的不是，结果愤怒的士兵又冲向了曾国藩的府邸，想要杀了他。曾国藩听闻消息后，躲进了巡抚衙门，才逃过这一劫。

经过这么一闹，曾国藩心里明白，在长沙自己算是待不下去了。有人劝他上奏圣上，说绿营兵的将领不听从指挥，可是曾国藩没有那么做，他忍下了这口气，率领湘军移师衡州。在以后的几个月时间里，很快训练出了一支颇具实力的军队。

被朝廷委以重任的大臣，却屡屡受到排挤，甚至险些丢掉性命，换成一般人无论如何也是咽不下这口气的，但是曾国藩忍了下来，他把与别人争风吃醋、钩心斗角的精力都用在了团练上,终于以一支相对强大的正规军证明了自己的实力。

曾国藩认为,不仅要"跳得了龙门",享受生命的辉煌,还要能够"钻得了狗洞",忍受生活中所受的委屈。其实不仅是曾国藩,凡是有大志向的人,都能忍受命运的不公,不会一味地跟别人逞强斗狠,而是从大局出发,从大处着眼,宽厚待人。为了实现更大的目标,他们会忍辱负重,以曲求伸,等待时机,寻找获胜的机会。

西汉初年,刘邦死后,吕后当政,独揽朝廷大权,并要强夺刘氏家族的皇位。左丞相陈平对于吕后之乱忧心忡忡,可是无能为力,又怕殃及自身,便长时间深居简出。

有一天,陈平的知交好友陆贾前来拜访陈平,看到陈平忧愁的面容,陆贾说:"你现在官拜丞相,一人之下万人之上,也算是富贵到顶了,如果说还有什么值得你忧虑的事情,恐怕就是担心吕后和少主吧?"

陈平说:"正是,不知阁下有何良策呢?"

陆贾说:"要天下安定,就看丞相的本事;要救天下于危难,就看将军的能耐。国家安危主要掌握在将相手中。我想找个机会与周勃谈谈,可他总是和我开玩笑,不理解我的苦衷。你为什么不和太尉多多交往呢?"接着,陆贾为陈平献了几条对策应付吕后。陈平按照陆贾的建议,送给周勃500两黄金以祝寿,还送去了大量的舞姬和寿酒,周勃如此还报。这样将相深交,达成默契。

在陈平为剿灭吕后一族努力的时候,右丞相王陵坚决反对吕后给几个吕姓子弟封王这件事，因为开国初年，刘邦就订立了"非刘姓不得封王"的盟约。但陈平和周勃却不置可否，于是，王陵就指责他们不据理力争，陈平却说："据理力争，我们二人不如你；可是保卫刘氏天下，你不如我们。"果然，王陵因激怒了吕后而被迫告老还乡，而陈平等人因为暂时的忍让和妥协，幸免于难。他韬光养晦等待时机，最后终于一举歼灭了吕氏势力。

陈平的成功就在于能忍。试想，如果他也像王陵一样小处不能忍，又怎么有机会能成大事呢？

我们总是向往成功，可是那些成功人士也并非一开始就"高人一等"、风光无限的，他们也曾有过艰难曲折的经历，但他们能够端正心态，不妄自菲薄，不怨天尤人。他们能够忍受"低微卑贱"的经历，也能够忍住暂时的屈辱，并在低微中养精蓄锐、奋发图强，然后他们才攀上成功的巅峰。所以，处于人生低潮的人，不要因为暂时的困难就放弃了自己，只要你肯努力，就一定会有一个美好的明天。

肯受气才能飞得起

《周易》说："天行健，君子以自强不息。"这就是说天道运行强健不息，君子也应该积极奋发向上，永不停止进步才对。

人的一生中，总会遇到不尽如人意的事情，无论是来自自身的,还是来自外界的,都会令你烦闷不堪。能不能忍受一时的不顺利,这就要看你是否具有百折不挠的雄心与意志。

一个真正想成就一番事业的人,面对挫折,必然会忍辱负重,坚韧不拔地克服重重障碍,直至梦想成真。

西汉时期,北方匈奴冒顿单于执政时,匈奴势弱。东胡国王想趁机灭掉匈奴,便故意找碴儿。他听说匈奴有一匹千里马,便派使者来索要。冒顿单于知道东胡国的阴谋,对愤愤不平的群臣说:"东胡跟我国十分友好,所以才向我们索要宝马。我们怎么能因为一匹马而影响与邻国的关系呢?"于是,他将宝马拱手送给东胡。

东胡国王一计不成,又生一计,派使者索要冒顿的妻子为妃。这个要求太过分了,就算一个普通男人,也不能忍受这般蛮横无理的羞辱。

匈奴的文臣武将忍无可忍,表示要好好教训一下东胡。冒顿却十分冷静,对臣子们说:"天下女子多的是,东胡却只有一个。为了与东胡睦邻友好,我愿意献出我的妻子。"

东胡国王得到宝马与美妻后,暂时没找冒顿的麻烦。趁此时机,冒顿励精图治,国力渐强。东胡国王深感不安,又来挑衅,派使者求见冒顿,说:"你我两国边境之间有块空地,有一千多里,你匈奴也到不了那里,把这块地送给我吧?"

冒顿又问左右大臣该如何?

左右大臣见冒顿从前事事懦弱忍让,全无斗志,便说:"这本来就是块无用的土地,给他也可以,不给也可以。"

冒顿闻言大怒，说道："土地是国家的根本，怎么能把土地送给别人？"

凡是说可以把土地给东胡的大臣都被冒顿斩首，然后冒顿传令集中兵马，有敢迟到者一律斩首，亲率大军袭击东胡。东胡素来轻视匈奴，全然不加防备，冒顿一举消灭了东胡。

"忍"有时候会被认为是屈服、软弱，但若从长远来看，"忍"其实是非常务实、通权达变的智慧。凡是智者，都懂得在恰当时机忍耐，毕竟获取胜利靠的是理性，而不是意气。忍耐常有附带条件，如果你是弱者，并且主动提出忍耐，虽然可能要付出相当大的代价，但却可以换得"存在"的空间和余地。"存在"是一切的根本，没有"存在"，就没有明天，没有未来。也许这种附带条件的忍耐对你不公平，让你感到屈辱，但用屈辱换得存在，换得希望，显然也是值得的。

《劝人百箴》中说：能顾全大局的人，不会拘泥于区区小节；能做大事的人，不会追究一些细碎的小事；观赏大玉圭的人，不细考察它的小疵；得巨材的人，不为其上面有蠹蛀而怏怏不乐。因为一点瑕疵就扔掉玉圭，就永远也得不到完美的美玉；因为一点蠹蛀就扔掉木材，天下就没有完美的良材。

古往今来，凡能成大事的，大都是能纵观全局，能够为了全局的利益而忍一时小气的人。而那些喜欢斤斤计较，忍不得一点小气的人，轻则不能成功，重则可能会毁坏自己的一生。

第四章

务实不务虚,踏实不踏空

要巧干，更要实干

一步一个脚印，现在大多用在形容人们踏实肯干，不怕吃苦。只有踏踏实实地做事，讲求厚道，不弄虚作假，一步一个脚印，人们才能逐步走向成功，品尝到成功的甜蜜滋味，否则只能是欲速不达。

从前，有一对以拾破烂为生的兄弟，天天都盼着能够发大财。他俩甚至做的每一个梦都与发财有关。最终，上天被他们的行为所感动，决定给他们一次发财的机会。

一天，兄弟俩和平常一样从家里出发，沿着街道一起向前走去。但是这条偌大的街道仿佛被人来了一次大扫除，连平日里最微小的破破烂烂都不见了踪影，这让靠收破烂为生的兄弟很懊恼。现在大街上仅剩的就是地上东一个西一个的小铁钉，这些小铁钉杂乱无章地躺在那里，每一个约有一寸长。

老大看到路上的铁钉，便把它们一个一个地捡了起来，放在自己的破袋里。老二却对老大的行为不屑一顾，并且说："两三个小铁钉能值几个钱？捡得再多撑死也就是一顿饭钱。"等兄弟两人走到了街尾的时候，老大差不多捡到了满满一袋子的铁钉。看到老大的成绩，老二似乎若有所悟，他也打算学老大那样捡一些铁钉，不管多少，最起码也能卖点钱。于是他便回头再去找,可等他回头看的时候,来时路上的小铁钉却一个都没有了,地面上光秃秃的,小铁钉全被老大捡光了。

老二心想:没关系,反正几个铁钉也卖不了多少钱,老大的那一袋,可能就只能换几个馒头,所以他也就不觉得可惜。于是,兄弟两个继续再向前走,没过多久,兄弟俩几乎同时发现街尾新开了一家收购店,这家店门口挂着的一块牌子写道:"本店急收一寸长的旧铁钉,一元一枚。"

老二看到这牌子后,后悔得捶胸顿足。老大则欣喜地将小铁钉换回了一大笔钱。老大接到钱后打算用这钱经营一家小店,让自己的生活越来越好。

店主兑换完老大的铁钉后看着发呆中的老二,问道:"孩子,你们走在同一条路上,难道你就一个铁钉也没看到?"老二很沮丧地说:"我看到了啊。可那小铁钉并不起眼,我更没想到它这么值钱,等我想去捡时,却连一根也找不到了。"

过去有人说,路是人走出来的;人生就是要靠"一步一个脚印",才能把成功之路走出来。故事中的老大勤勤恳恳,踏实地走好自己的每一步路,所以他最终获得了财富。而不注重细节的老二,在小事上不上心,为人浮躁,最后自己什么也没有得到。所以人在向前走路的时候,一定要不怕麻烦,不怕吃苦,踏实地走每一步。如果人们不肯将自己的脚步提起,不肯细致慎重地跨出,那怎么会有前途呢?俗语说"不怕慢,只怕站",很多人因为固执,因为保守,因为浮躁,没有"一步一脚印",而最终一事无成。

弗兰克·伍尔沃斯是美国著名的商品零售商。1879年，他开办了美国第一家商品零售店。但是在此之前，他的生活却是非常贫困潦倒的，常常是处于饥饿的状态。

这天，他沿着镇里的店铺挨家访问，想要谋求一份店员的工作，但是人们都拒绝了他。到后来，他到了一家布料店，老板认为他一点经验都没有，不能接待客人，于是令他大清早到店里去升炉火，然后擦地板、擦窗子，给客户送货，而且要求他在半年内不能领薪水，伍尔沃斯听了以后表示同意，但是他同时也提出了自己的要求，他说自己在农场工作了10年，存了50美元，现在只能维持3个月的生活，那么至少从第四个月开始，付他日薪50美分。老板答应了他的请求，但是老板提出的条件是每天必须要工作15小时以上。伍尔沃斯同意了。

一年后，伍尔沃斯用自己所积存的钱还有借来的300美元开设了自己的商品零售店，店里销售的全是5分钱的货物。就这样，他一步一步地走，一步一步地发展壮大，十几年后，他建造了当时世界第一高楼——伍尔沃斯大厦。

伍尔沃斯的成功不是偶然，他是一步一个脚印走出来的，正因为有这样脚踏实地、苦干实干的性格，他才能一步一步地走向成功。

若想攀上巅峰，必须"一步一脚印"地拾级而上。巧干是需要的，但是大多数时候，成功离不开埋头的实干。只有踏实而行，才能一步一步地接近成功。

侥幸一阵子，受害一辈子

曾国藩刚兼任刑部左侍郎，就遇到了一件麻烦事。

一天，有一位同乡来他的府上拜访。这位同乡在某地任知府，平日里很少往来，此时突然来访，还带着一箱金子，曾国藩马上感觉到有什么事情要发生了。

果然，话没有说几句，对方就讲出了他此行的目的。原来，知府的侄子自恃生在官宦世家，平日里被宠坏了，总是做一些打架斗殴的事，如今他与别人为了争夺一个头牌歌姬，不小心失手杀了人。死者的家属得知此事，将知府的侄子告到了官府，被知府压了下来。但是知府能够控制一时，却不能在此事上有更进一步的定夺，想来想去，也只有曾国藩能够帮他这个忙，保住他侄子的性命。

曾国藩听闻此事，安慰知府说："你先回去。既然是误杀，官府一定会给你侄子一个说法的，不会有事的。"知府见状，忙给曾国藩递上金子，说："只要曾大人一句话，我侄子的性命就能够保住了。"曾国藩不肯收他的金子，可是知府哪里肯将送来的金子再拿回去？留下了箱子，自己迅速离开了。

曾国藩看知府这番举动，心里顿时犯了嘀咕：按说，如果是误杀，知府不应该这么紧张，况且也用不着送上这箱金子啊。这其中一定还有什么不可告人的秘密。想到此处，曾国藩赶紧派人去调查。

果然不出曾国藩所料。这个知府的侄子仗着有叔父撑腰，平日里横行乡里，鱼肉百姓，欺男霸女，无恶不作，老百姓都恨透了他。曾国藩知道后非常气愤，下令一定要严惩那个恶贼，还要弹劾知府。

从这件事情，曾国藩想到了自己在家乡的兄弟侄子。官宦人家的孩子总是存有一种侥幸心理，觉得有人给自己撑腰，就可以随意妄为，想做什么就做什么。可是，这样想的结果常常是害了自己。于是，他写信叮嘱自己的亲属，做事情一定要脚踏实地，不能存在侥幸心理，放任自己的行为。

不仅在对待生活方面，曾国藩提倡远离侥幸心理。在军事上，他也十分注重实力的修炼。为此，他一直强调说："至军事之成败利钝，此关乎国家之福，吾惟力尽人事，不敢存丝毫侥幸之心，诸弟禀告堂上大人，不必悬念。"正是因为远离侥幸心理，曾国藩以文人的心态自修，以武将的心态战斗。

远离侥幸心理，只有脚踏实地才能一步一步走向成功。很多人把事情的成功与否寄托在运气上，如果没有达成自己的心愿，就责怪自己时运不佳，这其实是没有道理的。俗话说，一分辛苦一分收获，只有全身心地投入到对自己实力的修炼当中，我们才能逐渐完善自己，最终战胜种种困难，到达成功的彼岸。相反，侥幸一时，有可能耽误我们一生的发展。因为获得过于容易，就不知道努力，也就不懂得珍惜了。

唯有埋头，才能出头

生活中，很多时候你越是想远离痛苦就越觉得痛苦，越是想要放弃或逃避越是逃脱不了。父母生活在社会的底层，不能做你强有力的靠山，还要你赚钱贴补家用；你没有过人的才华，不懂得为人处世的技巧，在办公室里，你要小心翼翼地做人，唯恐一时失言把别人得罪了；你没有漂亮的脸蛋、魔鬼的身材，走在人群当中，你不知道该用怎样的资本去高昂头颅，展露属于自己的自信……

这并不是妨碍我们成功的因素，既然无法高昂着头颅，那就低下头来，埋头看路，低头走路，总有出头的一天。

有一位老教授说起自己曾经的经历："在我多年来的教学实践中，发现有许多在校时资质平平的学生，他们的成绩大多在中等或中等偏下，没有特殊的天分，有的只是安分守己的诚实性格。这些孩子走上社会参加工作，不爱出风头，只是默默地奉献。他们平凡无奇，毕业分手后，老师、同学都不太记得他们的名字和长相。但毕业后几年、十几年，他们却带着成功的事业回来看老师。而那些原本看起来会有美好前程的孩子却一事无成。这是怎么回事？

"我常与同事一起琢磨，认为成功与在校成绩并没有什么必然的联系，但和踏实的性格密切相关。平凡的人比较务实，比较能自律，所以许多机会都落在这种人身上。平凡的人如果加上勤奋这个特质，成功之门必定会向他大方地敞开。"

只有埋头苦干的人，才是真正的聪明者，才能成就一番事业。在职场上，也是一样的道理。在工作中，谁都希望能得到上司的信任与重用，都希望上司能把最重要的工作交给自己完成，但并不是所有人都能成为上司眼中的"红人"。一般来说，那些脚踏实地、埋头苦干的人更容易得到上司的重用。因为上司在委任工作时，除了考虑个人处理业务的能力以外，还要考虑这个人的人品和德行。德才兼备的人是承担重要工作的最佳人选，而脚踏实地工作的人又恰好占据了良好的品德和雄厚的实力。而那些眼高手低、不能踏踏实实工作的人很难得到上司的重用，公司一方面担心他们不具备过硬的业务处理能力，另一方面担心他们会泄露公司秘密。

埋头苦干，除了需要脚踏实地的精神之外，也需要抹去一颗急功近利的心，专心致志，走好脚下的路，不去管路边那些和自己无关的名和利。

18世纪瑞典化学家卡尔·舍勒在化学领域做出了杰出的贡献，可是瑞典国王毫不知情。有一次去欧洲旅行的旅途中，国王才了解到自己的国家有这么一位优秀的科学家，于是国王决定授予舍勒一枚勋章。可是负责发奖的官员孤陋寡闻，又敷衍了事，他竟然没有找到卡尔·舍勒，而把勋章发给了一个与舍勒同姓的人。

其实，卡尔·舍勒就在瑞典一个小镇上当药剂师，他知道要给自己发一枚勋章，也知道发错了人。但他只是付诸一笑，只当没有那么一回事，仍然埋头于化学研究之中。

卡尔·舍勒在业余时间用极其简陋的自制设置，首先发现了氧，还发现了氯、氨、氯化氢，以及几十种新元素和化合物。他从酒石中提取酒石酸，并根据实验写成两篇论文，送到斯德哥尔摩科学院。科学院竟以"格式不合"为理由，拒绝发表他的论文。但是卡尔·舍勒不灰心，在他获得了大量研究成果以后，根据这个实验写成的著作终于与读者见面了。卡尔·舍勒在32岁那年当选为瑞典科学院院士。

如果你有卡尔·舍勒这种埋头苦干的精神，有在平凡中求伟大的品性，那么成功也就离你不远了。要知道在社会系统中，除了一些特殊的人从事特定工作之外，一般人的工作都是很平凡的。虽然是平凡的工作，但只要努力去做，和周围的人配合好，依然可以做出不平凡的成绩。

厚道的人，通常待人诚恳，不刻意矫饰自己的缺点。其实有缺点并不可怕，平凡也不是闪光的坟墓。人生之中，无论我们处于何种在他人看来卑微的境地，我们都不必自暴自弃，只要渴望崛起的信念尚存，只要我们能坚定不移地笑对生活，那么，我们一定能为自己开创一个辉煌美好的未来。

第五章
付出真心，善待他人

存善念，行善行

"人之初，性本善"是《三字经》的开篇语，但是长大的我们心中是否还留有这一份善呢？也许我们有，也许我们的心里早就被不良诱惑挤满了，不再有善的踪迹。而且在这个世界上，贪欲与邪恶、自私与狡诈正以前所未有的程度存在着。然而，善良依然是这个世界最感人的力量，它使我们充满力量与勇气，使我们赢得尊重和支持，帮助我们一步步走向成功。

善良仁爱具有强大的力量，它能使人敞开心扉。人的一生应该是施与爱的一生，只有这样，我们才能活出真正的自我，获得一个充实而美丽的人生。

善待社会、善待他人，并不是一件复杂、困难的事，只要心中常怀善念，生活中的小小善行，不过是举手之劳，却能给予别人很大帮助。何乐而不为呢？

一个强盗拜访一位得道的禅师，他跪在禅师面前说："禅师，我的罪过太大了，很多年以来我一直寝食难安，难以摆脱心魔的困扰，所以我才来找您，请您为我澄清心灵。"

禅师对他说："你找我可能找错人了，我的罪孽可能比你的更深重。"

强盗说："我做过很多坏事。"

禅师说:"我曾经做过的坏事肯定比你做的还要多。"

强盗又说:"我杀过很多人,只要闭上眼睛我就能看见他们的鲜血。"

禅师也说:"我也杀过很多人,我不用闭上眼睛就能看见他们的鲜血。"

强盗说:"我做的一些事简直没有人性。"

禅师回答:"我都不敢去想那些我以前做过的没人性的事。"

强盗用鄙夷的眼神看了禅师一眼,说:"既然你是这么一个人,为什么自称为禅师,还在这里骗人呢?"

于是他起身,一脸轻松地下山去了。

等到强盗离去,禅师的弟子满脸疑惑地问禅师:"师傅,您为什么要这样说啊?您一生中从未杀过生。您为什么要把自己说成是个十恶不赦的坏人呢?"

禅师说:"你难道没有从他的眼睛中看到他如释重负的感觉吗?还有什么比让他弃恶从善更好的呢?"

因为心存善念,而标榜自己是一个善良的人,是浅薄的。真正的善良是有善念,还能行善行。知易行难,然而,只要心存菩提,又何必在乎外在的毁誉、表面的得失呢?行善行,内心世界便已种下了快乐的种子。

香港富商何鸿章于20世纪20年代中期出生于香港。日本侵华战争爆发时,还是少年的何鸿章,自愿到香港东华医院的紧急病房值勤。后来,何家被日军强迫遣返上海,遭到软禁。

那段日子，何鸿章总也不能忘记，年少的他与日军有过数次斗智斗勇的惊险接触。后来回想起来，童年的这段经历可以称得上是他人生中的一笔宝贵财富。正是战争苦难激发了少年何鸿章对动乱的切齿痛恨以及对和平、安宁生活的无限憧憬。从那个时候起，何鸿章就立下志向：此生，要做一名"驱散黑暗的火炬手"，要尽自己的全力让人们过上安宁的生活。同时，有一个声音在他心中回响："活着，就要给予！"这句话也成为何鸿章一生秉持的信念。

何鸿章的父亲是位杰出的银行家和慈善家，也是香港金银交易所的创办人。他在一次日军对香港的轰炸中受伤，痛失双腿。战争的磨难使他对人生有了更深层次的认识，虽然何家拥有万贯家财，但他始终告诫子女要凭个人本事创造财富，并要坚持行善。

童年经历、家人教诲以及身体力行的榜样力量深深影响着何鸿章，他继承家业后，始终牢记家族行善的传统，在守业和开拓事业的过程中都坚持着慈悲为怀、兼济天下的立场。

20世纪五六十年代，成千上万的难民涌入香港，当时香港的房价在难民们看来高不可攀，他们中的很多人居无定所。何鸿章被难民们的苦难生活深深刺痛，他构思了廉价住屋方案，率先在香港为难民们建造房屋，给了他们一个家。

20世纪，随着香港人口的急剧增加，一大批孩子到了入学的年龄，却因为贫穷负担不起费用而上不了学，何鸿章看到这些，急在心里。他深知，教育对改变人生，特别是对出身贫寒的人的重要作用。1965年，他创建了"何鸿章信托基金会"，旨在给香港学生创造出去受教育的机会,以发展香港及其他地区的教育。数十年过去了,这项基金资助了无数的香港青年学子出去深造。这些香港青年学成之后,大多数回到香港效力,为香港的发展做出了巨大贡献。

"活着,就要给予",这是何鸿章的诺言,也是他的座右铭。他说:"人的善心、善念常与富裕同在,乐善好施、好行其德是快乐之本,更是大富的源泉。"

无论我们做什么工作,如果能秉持多付出一点爱心的原则,成功就是必然的。

世界就整体而言是美丽的,人生就整体而言是美好的,不要让局部的消极现象遮住我们的双眼。

一言之善,善莫大焉

语言是人类表达思想、体现信仰的重要工具,也是沟通人际关系的重要桥梁,所以生活中人们通过语言来交流和联络情感、加深友谊。因此,人们语言表达的善与恶则直接影响到了交流及人际交往。

善意的语言往往能使人看到别人的优点,消除他人的不是;一句善意的话还能把大事化小、小事化了;善意的语言还能平息怨恨、和睦邻里、团结众人。所谓"一言之善,善莫大焉",

一句善意的话语能点燃他人的自信，给他人以无穷的力量，所以我们在生活中需要用善意的语言来引导别人，使其受感化，从此走上正道。

从前有一位禅师很受人们尊崇。有一次，他的一个学生因为行窃被人抓住，这让众人气愤不已，大家纷纷要求将这个学生逐出师门，但是禅师并没有那样做，他用自己的宽厚仁慈之心原谅了那个学生。

可是没过多久，那个学生竟然又因为偷窃而被抓住，众人认为他旧习难改，认为他的行为有辱佛门，于是大家要求禅师将他重罚，但禅师仍然没有处罚他。禅师的行为让有些学生不服，于是大家联名上书，表示如果再不处罚这个人，他们就集体离开。

禅师看了他们的联名上书，然后把他的学生都叫到跟前说："你们都能够明辨是非，这是我感到欣慰的。你们是我的学生，如果你们认为我教得不对，那么我也不阻止你们离开，毕竟你们离开后到其他地方能有人接纳你们，但是我不能不管那个行窃的学生，因为他还不能明辨是非，如果我不来教他，那么谁还来教他呢？他被赶出寺庙后还能怎么让人接受呢？所以，不管怎样，即使你们都离开我了，我也不能让他离开，因为他需要我的教诲。"

那位偷窃者听了禅师的话，感动得热泪盈眶，同时也痛悔自己的过错给老师带来的麻烦，下定决心从此以后再也不偷别人的东西。

禅师的一言之善，换来的是真心的悔改，这不得不让人敬佩。

由此可见，善言、善行就是我们在生活中不可缺少的基本准则。在当今这样一个合作的社会中，人与人之间更是有着一种密切的互动关系。只有我们先去用善意的语言打动别人，用善心去帮助别人，才能处理人与人之间的关系，从而获得他人的尊重。

佛陀在祇园精舍的时候，六群比丘吵起架来，并且举出十点，嘲骂那些正直的比丘。佛陀知道此事后，召集六群比丘来开示道："过去，健驮逻王在得叉尸罗城治国的时候，有一头母牛生下一只小牛。有一婆罗门就从养牛人家讨回那只小牛，并为它取名叫欢喜满。

"婆罗门把小牛放在儿女的住处，每天拿乳粥饭食等喂养它，很爱护它。

"过了几个月，小牛长大了。它想：'这婆罗门曾费了许多心血来养我，现在我是全阎浮提力气最大的牛，正好让我来显一次本领，报答他养育我的恩惠！'

"有一天，欢喜满对婆罗门说：'婆罗门！请你到养牛的长者家，告诉他说：我所养的雄牛能拖一百辆货车。你就以千金跟他打赌吧！'婆罗门就到那长者的家里，问长者道：'这城中谁养的牛最有力气？'

"长者先举别家的牛来回答，最后说：'全城中没有一头牛能及得上我所养的。

"'我也有一头牛,能拖一百辆货车。'婆罗门道。

"'哪里有这样的牛?'长者不相信。

"'我家里就有。'婆罗门得意地说。

"长者不服气,便以千金和他打赌。

"婆罗门回去后,便在百辆的车中装满沙石,为欢喜满洗浴,喂它香饭,把它驾在第一辆车的车轭上,举起皮鞭叱道:'走呀!欺瞒者!拉呀!欺瞒者!'

"这时,牛听到这话,觉得自己并非欺瞒者,为何今天受这种称呼?它不知所以,四只脚就如柱子般立着不动。长者看到这情形,就叫婆罗门交出千金。

"婆罗门损失了千金,解下牛,回到家里忧郁地卧着。欢喜满走回来,看见婆罗门忧郁地卧在那里,便走上前去问他:'婆罗门啊!你为什么躺在这里呢?'

"婆罗门很不高兴地回答道:'千金输去了,还能睡觉吗?'

"'婆罗门!我在你家这么久,曾经打碎过碗没有?曾经在别处撒过粪尿没有?'

"'都没有。'婆罗门否认道。

"'那么,你为什么要叫我欺瞒者呢?'欢喜满问道:'你这样称呼我,是你自己的错而不是我的错。现在你可以再去和那长者赌两千金,但这次你可不要再叫我欺瞒者呀!'

"婆罗门听了欢喜满的话,再去和长者相约打赌两千金。

"依照上回的方法,把百辆货车前后联系起来,并将装饰好的欢喜满驾系在第一辆车子的前面。婆罗门坐在车上,用手轻轻地拍着牛背说道：'贤者啊！前进呀！贤者啊！往前拉吧！'果然，欢喜满把联系着的百辆货车拉着前行，很快就到达了目的地。

"专门养牛的那位长者拿出两千金来，其他的人看到这种情形也都拿出很多钱来赏赐欢喜满。婆罗门因为欢喜满的帮助，得到了许多财物。

"比丘们啊！恶语是谁也不喜欢的，就是畜生也不喜欢。"

佛陀叱责六群比丘以后，就制定学处，指示弟子们应该说柔软语、真实语、慈悲语、爱语，不可说恶语，因为恶语不仅伤害别人，更伤害自己。

正如佛陀的教诲一样，我们一辈子的大事便是"好好说话"。人的话语就如同一把利刃，可以伐木，也可以伤人，就看操持者怎么用了。有时，一句污辱的话会促使一个善良的人行恶，一句宽慰的话可以化干戈为玉帛；一句言真意切的表白可以获得一生的爱情和幸福，一句恶语相向的派头可以摧毁多年的夫妻之情……

孟子说："君子莫大乎与人为善。"生活中那些与人为善、慷慨付出、不求回报的人，往往容易获得成功，而那些恶语相向、自私吝啬、斤斤计较的人不仅找不到朋友，甚至可能被孤立起来。

只有当一个人言语善良的时候，别人对他才会有好感，他的人际关系才会和谐友好、充满温情。对于他人，假如你遇事往好处想，对别人真心相待，多感念别人的恩德，即使别人冒犯了你,也不计较,不介意,这样,别人自然会被你的诚意所感动,进而对你回报以真诚;假如你遇事往坏处想,以一种敌视或者仇恨的眼光看待别人,即使别人无意中冒犯了你,你也会破口大骂或者耿耿于怀,甚至伺机进行报复。那么,即使别人本无敌意,也会最终被你推到敌对的立场上去。这样只会让双方的关系越来越紧张。

虽为良医,愿人无病

孔子说:"听讼,吾犹人也。必也使无讼乎!"审理诉讼案件,我同别人一样能做好。但内心总是希望这些事情不再发生啊!孔子这里的感慨是希望通过教化,提升人们的修养,减少案件的发生。这无疑是以天下人为念的崇高博大的情怀。

过去在药铺里经常会看到这样一副对联:但求世上人无病,何妨架上药生尘。这句话包含的悲天悯人、宽厚无私的情怀是很让人感动的。自己虽然是良医,却祈求别人不生病,这是何等高尚的境界啊!

过去山东潍县(今潍坊)是个多灾多难的地方,经常发生水灾、旱灾。扬州八怪之一的郑板桥在当地任县令七年,就有五年发生灾情。在他刚到任那一年,潍县发生水灾,十室九空,饿殍满地,其景象惨不忍睹。郑板桥据实上报,请求朝廷开仓赈灾，可朝廷迟迟不准。在危急时刻，郑板桥毅然开仓放粮，他说："不能等了，救命要紧。朝廷若有怪罪，就惩办我一个人好了。"这样灾民很快得救了。

郑板桥心中总想着人民。他深知"民为邦本，本固邦宁"的古训，做任何事，他首先想到的是人民。他招民工修整水淹后的道路城池，采取以工代赈的办法救济灾区壮男；同时责令大户在城乡施粥救济老弱饥民，不准商人囤积居奇；他自己带头捐出官俸，并刻下"恨不得填满了普天饥债"的图章。他开仓借粮时有秋后还粮的借条，到秋粮收获时，灾民歉收，他当众将借条烧掉，劝人们放心，努力生产，来年交足田赋。由于他的这些举措，使无数灾民解决倒悬之危。

为了老百姓，他得罪了一些富户，特别在整顿盐务时，更是触动了富商大贾的私利。潍县濒临莱州湾，盛产海盐，长期以来，官商勾结，欺行霸市，哄抬盐价，贱进贵卖，缺斤少两，以次充好。郑板桥针对这些弊端，严令禁止。因此，一些富人对他造谣毁谤，匿名上告。1752年，潍县又发大灾，郑板桥申报朝廷赈灾，上司怒其多次冒犯，又加上听信谗言，于是不但不准，反给他记大过处分，钦命罢官，削职为民。

离开潍县时，百姓倾城相送。郑板桥为官十多年，并无私藏，只是雇三头毛驴，一头自骑，两头分托图书行李，由一个差丁引路，凄凉地向老家走去。临别他为当地人民画竹题诗："乌纱掷去不为官，囊囊萧萧两袖寒。撷取一枝清瘦竹，秋风江上作鱼竿。"

郑板桥为官,不以自己的才情作为晋升的手段,也不以此卖弄,而是用在为民谋福上。这种宽厚无私的精神才是人格的最高境界。

传说高僧一灯大师藏有一盏"人生之灯",这盏灯在当时非常有名,有很多人一直想得到这件宝物。这可不是一盏普通的灯。这盏灯,灯芯镶有一颗500年之久的硕大夜明珠,这颗夜明珠晶莹剔透,光彩照人。

据说,得此灯者,经珠光普照,便可超凡脱俗、超越自我、品性高洁,得世人尊重。有三个弟子跪拜求教怎样才能得到这个稀世珍宝。

一灯大师听后哈哈大笑,他对三个弟子讲:"世人无数,可分三品:时常损人利己者,心灵落满灰尘,眼中多有丑恶,此乃人中下品;偶尔损人利己,心灵稍有微尘,恰似白璧微瑕,不掩其辉,此乃人中中品;终生不损人利己者,心如明镜,纯净洁白,为世人所敬,此乃人中上品。人心本是水晶之体,容不得半点尘埃。所谓'人生之灯'就是一颗干净的心灵。"人世间最宝贵的不是珍宝,而是一颗宽厚无私、品行高尚的心灵,那是纵有千金也不能买到的稀世珍品。

第六章

给人留情，是给自己留路

有福不可享尽,有势不可使尽

有一天,狼发现山脚下有个洞,各种动物都由此通过。狼非常高兴,它想,守住山洞就可以捕获各种猎物,于是它堵上洞的另一端,单等动物们来送死。

第一天,来了一只羊,狼追上前去,羊拼命地逃。突然,羊找到一个可以逃生的小偏洞,从小洞仓皇逃走。狼气急败坏地堵上这个小洞,心想,再也不会功败垂成了吧!

第二天,来了一只兔子,狼奋力追捕,结果,兔子从洞侧面更小一点的洞逃走了。于是,狼把类似大小的洞全堵上了。狼心想,这下万无一失了,别说羊,与兔子大小接近的狐狸、鸡、鸭等小动物也都跑不了了。

第三天,来了一只松鼠,狼飞奔过去,追得松鼠上蹿下跳。最终,松鼠从洞顶上的一个通道跑掉了。狼非常气愤,于是,它堵塞了山洞里的所有窟窿,把山洞堵得水泄不通。狼对自己的措施非常得意。

第四天,来了一只老虎,狼吓坏了,拔腿就跑。老虎穷追不舍,狼在山洞里跑来跑去,由于没有出口,无法逃脱,最终,这只狼被老虎吃掉了。

如果我们把某件事做得太绝了,不仅伤害了别人,也会害了自己。当我们自认为把对手所有的机会都切断的时候，却可能使自己也失去机会。故事中的狼把所有的窟窿都堵上了，结果没有逮到猎物不说，还因没有退路而赔上性命。

生活中，总有一些始料未及的事，狗急了也会跳墙，所以，凡事不能做得太绝了，有时候给别人留条退路，也是给自己一条退路。

《韩非子·林下篇》说："刻削之道，鼻莫如大，目莫如小。鼻大可小，小不可大也；目小可大，大不可小也。举事亦然，为其不可复也，则事寡败也。"这就是说，如果鼻子刻得大了，还可以修得小一点，如果鼻子本来就刻得很小，那根本没有办法补救了；如果眼睛刻得小，还可以再加大，如果把眼睛刻得太大，就没法再缩小。做事也是这样，我们在任何时候都应该留余地。

留余地，其实包含两方面的意思，一方面，给别人留余地，无论在什么情况下，也不要把别人推向绝路，迫使对方做出极端的反抗，这样一来，对彼此都没有好处；另一方面，给自己留余地，让自己行不至绝处，言不至极端，有进有退，以便日后能机动灵活地处理事务，解决复杂多变的问题。把事情做得太绝，不给别人留余地，就等于伸手打别人耳光的同时，也在打自己的耳光。人生就是这样，不让别人为难，也不让自己为难，让别人活得轻松，也让自己活得自在，这就是留余地的妙处。给别人留有余地，他一定会感激你、协助你，这也就等于给了自己一次成功的机会。

放别人一条生路，让他有个台阶下，为他留点面子和立足之地。人海茫茫，常常"后会有期"，你今天势强不留任何余地，焉知他日不会狭路相逢？若届时他势旺你势弱，你就有可能吃亏。所以，任何时候做任何事情都不能做得太绝，要留有余地，给自己留条退路。

画家在作画的时候往往会"留白"，给观赏者留有想象的余地，建筑师造楼要留出一些空地用来绿化采光。"狡兔三窟"，就是兔子给自己留下的逃生的余地。得势不忘失势，强盛不忘衰败，富有不忘破落，做什么事都得留有余地。

留有余地，才能从容转身

在我们周围，有时会遭遇这样那样的争斗和竞争，即使你无意"过招"，但在别人的不断逼迫下，你还是容易不由自主地陷入争斗的漩涡，而大部分的人一陷身于争斗的漩涡，便"一发不可收拾"，一方面为了面子，一方面为了利益，因此一得了"理"，便不会饶人，非逼得对方鸣金收兵或竖白旗投降不可。然而"得理不饶人"虽然让你暂时吹着胜利的号角凯旋，但这也是下次争斗的前奏；"战败"的对方失去的面子和利益，他当然要"讨"回来。如此"你来我往"，其结果只能是纠纷不断，两败俱伤。

其实，在面对别人无理的触犯时，你最好以容纳百川的胸怀对待对方的反对。虽然"得理不饶人"是你的权利，但何妨

"得理且饶人"。放对方一条生路，让对方有个台阶可下，为他留点面子和立足之地，对自己则好处多多。

一次，胡雪岩到苏州的永兴盛钱庄兑换20个元宝急用，这家钱庄不仅不给他及时兑换，还平白诬指阜康银票没有信用，使他受了一点气。

这永兴盛钱庄本来就来路不正。原来的老板节俭起家，干了半辈子才创下这份家业，但40出头就病死了，留下一妻一女。现在钱庄的档手是实际上的老板，他在东家死后骗取那寡妇孤女的信任，人财两得，实际上已经霸占了这家钱庄。永兴盛的经营也有问题，他们贪图重利，只有10万银子的本钱，却放出20几万的银票，已经岌岌可危了。

胡雪岩在永兴盛钱庄无端受气，心中有不满，起先他想借用京中"四大恒"排挤永兴盛钱庄。京中票号，最大的有四家，招牌都有一个"恒"字，称为"四大恒"。行大欺客，也欺同行。胡雪岩要想排挤永兴盛钱庄，其实是一件很简单的事情。浙江与江苏有公款往来，胡雪岩可以凭自己的影响，将海运局分摊的公款、湖州联防的军需款项、浙江解缴江苏的协饷等几笔款子合起来，换成永兴盛的银票，直接交江苏藩司和粮台，由官府直接找永兴盛兑现，这样一来，永兴盛不倒也得倒了，而且这一招借刀杀人，一点痕迹都不留。

不过，胡雪岩最终还是放了永兴盛一马，没有去实施他的报复计划。他放弃计划，有两个考虑，一个考虑是这一手实在太辣太狠，一招既出，永兴盛绝对没有一点生路。另一个考虑是这样做只是徒然搞垮永兴盛，自己却劳而无功。这样一种损人不利己的事情，胡雪岩不愿意做。

其实，这永兴盛既来路不正又经营不善，实际是一个强撑住门面唬人的烂摊子，即使胡雪岩将它一击倒地，也不会有多少人同情，可能还为钱庄同业清除了害群之马。但胡雪岩还是下不去手，足见他所说的"将来总有见面的日子，要留下余地，为人不可太绝"，并不是口头上说说而已，而是确确实实是这样去做的，这其实可以看作是胡雪岩的一条为人准则。

其间自然有胡雪岩对于自我利益的考虑在起作用，所谓将来总有见面的机会，事情做得留有余地，也就为将来见面留有了余地。事实上，对于人生来说，这样考虑也是十分必要的。

没有永远的朋友，也没有永远的敌人，无论竞争多么激烈的对手，竞争过后都会有联合的可能，因此，竞争总是存在，而"见面"的机会也总是存在的。生意场上有一句话"给人一活路，给己一财路"，做人应该把目光放远一些，人生之路才会越来越宽。

给人留面子，是给自己留里子

爱面子是人的天性，视尊严为珍宝。而稍有点地位的人更加爱面子。若不慎做了错误的决定或说错了什么话，如果别人直接指出或揭露他的错误，无疑是向他的权威挑战，会让他很没有面子，会损害他的尊严，刺伤他的自尊心。这样的人不用说是办好事了，连立身就会有问题。

有一家公司召开年终总结大会，董事长讲话时将一个数字说错了。

一个下属站起来，冲着台上正讲得眉飞色舞的董事长高声纠正道："讲错了！那是年初的数字，现在的数字应该是……"结果全场哗然，董事长羞得面红耳赤。事后，这名员工因为一点小错被解聘了。

当然也有人做得很好。

有一家公司新招了一批员工，在董事长与大家的见面会上，董事长逐一点名。

"黄烨（华）。"

全场一片静寂，没有人应答。

一个员工站起来，怯生生地说："董事长，我叫黄烨（叶），不叫黄烨（华）。"人群中发出一阵低低的笑声，董事长的脸色有些不自然。

"报告董事长，是我把字打错了。"一个精干的小伙子站了起来，说道。

"太马虎了，下次注意。"董事长挥挥手，接着念了下去。

没多久，那个小伙子被提升为公关部经理，叫黄烨的那个员工则被解雇了。

表面看来，这个董事长没有什么水平，那个小伙子在拍马屁。实则每个人都有自己的知识欠缺，犯错误出洋相难以避免。作为下属，有什么必要当众纠正呢？如果这个叫黄烨的员工当时应答，事后再巧妙地纠正就不会伤害董事长的面子。他人有错时，要注意纠正的艺术，护好别人的面子。

有句话叫作"人活一张脸，树活一张皮"，别人错了的时候，也要维护他的尊严。要选择合适的时候或场合，采取合适的方式，以免伤害别人的面子。

因为每个人都需要面子，而且也都希望自己有面子，有面子就能被别人看得起，表明他在人群中间有优越感。懂得这个道理，为人处世就方便了许多，只要你能放下自己的面子，给别人一个面子，相信你会获益匪浅。

古代有位大侠叫郭解。有一次，洛阳某人因与他人结怨而心烦，多次央求地方上有名望的人士出来调停，对方就是不给面子。后来他找到郭解，请他来化解这段恩怨。

郭解接受了这个请求，亲自上门拜访委托人的对手，做了大量的说服工作，好不容易使这个人同意了和解。照常理，郭解此时不负人托，完成这一化解恩怨的任务，可以走人了。可郭解还有高人一着的棋，有更技巧的处理方法。

一切讲清楚后，郭解对那人说："这个事，听说过去有许多当地有名望的人调解过，但因不能得到双方的认可而没能达成协议。这次我很幸运，你也很给我面子，我了结了这件事。我在感谢你的同时，也为自己担心，我毕竟是外乡人，在本地人出面不能解决问题的情况下，由我这个外地人来完成和解，未免使本地那些有名望的人感到丢面子。"他进一步说，"请你再帮我一次，从表面上要做到让人以为我出面也解决不了问题。等我明天离开此地，本地几位绅士、侠客还会上门，你把面子给他们，算作他们完成此一美举吧，拜托了。"

确实，人人都爱面子。往别人脸上贴金，别人只会高兴，只会感激你。就比方说，你有喜事临门，有人来向你道贺，你要说："沾你的光，托你的福。"这样一说，就使你自己的光彩暗些，对方的面上则光些。

此外，假如你在交际的过程中，不仅没能让别人欠你个情，反而伤了人家的面子，如果你立即去补偿，一般都能化解矛盾，不致酿成大祸。怎么补呢？一是赶紧说对不起，赶紧降下身份，将自己的面子甩到地上踩几下，这样，一损对一损，算是扯平。二是如果对方的面子本来就大，便只好自己打耳光，骂自己有眼不识泰山。总之，是以贬损自己，来相应地抬高对方，补偿他的面子。

无论如何，实实在在的"里子"都比虚无缥缈的"面子"更重要。如果你能够把面子留给别人，你就能够得到对方的喜爱、帮助、重视等，这些都比面子要来得更实在。

第七章

利己先利人，双赢是长赢

帮别人成功，给自己铺路

帮助别人成功，就是在给自己的成功铺路。如果一个人的成就中让你感到有自己的一份，你能够说："是我让他有今天。"这将是你最值得骄傲的事情。而在你的帮助下成功的人，一定会反过来以涌泉相报，最后，实现利人利己的双赢局面。

帮助别人不仅利人，同时也提升本身生命的价值，同时为自己铺了路。因此所有无私人都有一个共同的特性：他们都愿意帮助别人去成功，而不是嫉贤妒能。而最后，他得到的回报也是丰厚的。

任何人际关系，无论是私人交往，还是业务关系，如果它是以成年人的那种互利的观念来支配的话，对双方来说只会有益。你为别人提供急需的东西，人家也会满足你的需求。

格蕾丝是一位年轻的演员，刚刚在电视上崭露头角。她美丽漂亮，气质优雅，很有天赋，演技也很好，事业正在走上正轨，开始从演一些主要的角色。

想要更进一步扩大知名度，她需要一个经纪人来为她包装和宣传。因此她需要一个公关公司为她在各种报纸杂志上刊登她的照片和有关她的文章，增加她的知名度。不过，要建立这样的公司，格蕾丝拿不出那么多钱来。

偶然的一次机会，她遇上了保罗。保罗曾经在洛杉矶一家最大的公关公司工作了好多年，人脉广，业务也熟练，几个月前他刚自己开办了一家公关公司，并希望最终能够打入公共娱乐领域。到目前为止，一些比较出名的演员、歌手、夜总会的表演者都不愿同他合作，他的生意主要是靠一些小买卖和零售商店。听说了格蕾丝的困难后，他立刻找到格蕾丝，声明愿意无偿帮助她，于是，两个人联合干了起来。

保罗成了格蕾丝的经纪人，为她提供出头露面所需要的经费。他们的合作立刻达到了效果，格蕾丝正在时下的电视剧中出演，保罗便让一些较有影响的报纸和杂志把眼睛盯在她身上。这样一来，他自己也变得出名了，并很快为一些有名望的人提供了社交娱乐服务，他们付给他很高的报酬。而格蕾丝，不仅不必为自己的知名度花大笔的钱，而且随着名声的增长，也使自己在业务活动中处于一种更有利的地位。

通过保罗和格蕾丝的相互合作，我们可以看到这样一种格局：格蕾丝需要求助于保罗，获得为自己做宣传的开支；保罗为了在他的业务中吸引名人，需要格蕾丝做自己的代理人。他们相互都帮助了对方，也同时帮助了自己。

每个人都渴望实现自己的人生目标，但是如果不善于借助别人的帮助开始起跳人生，不善于给需要帮助的人送去帮助，是难以成功的。因此最智慧的做人之道是"助人亦助己"。这是一个很简单的道理，却是很多人都无法做到的事情。

由此，我们还可以得出一个结论就是：得到你想要的东西的最好方法是帮他人得到他们想要的东西。

无论在生活中或是工作中,我们常会遇到这样的问题:目前的困境急需某位朋友的帮助,虽然我们都知道"将欲取之,必固予之",可是如何"予之"才能"取之"呢?这里的"予之"是有学问的,不是随随便便给予某些东西就能促成这次合作。最好的方法莫过于给予对方他所需要的东西,正如钓鱼,一定要用鱼儿最喜欢的鱼饵,鱼儿才可能上钩。中医素来提倡对症下药才能药到病除,说的也是这个道理。

让别人得意,让自己满意

每一个人都有自认为得意的地方,不管别人怎样看,在他自己看来,都是一件有意义的事情。从对方得意的地方说起,这是得到别人好感的一条捷径。你如果了解并把握住对方得意的地方,交谈的时候有意无意地提到,这会在无形之中成为一种有效的武器。

一所偏僻小学破烂不堪,校长多次按规矩层层请示拨款事项,却始终没有结果,不得已之下,决定向本市木材厂的厂长求援。校长之所以打算找该厂长,是因为这位厂长重视教育,曾捐款一万元发起成立"奖教基金会"。

遗憾的是,该厂经营有了点的困难,校长深感希望渺茫,但也只好试试了。于是,校长敲开了厂长办公室的门。

校长进门就夸:"厂长,我近日在省城开会听到教育界同仁对您的称赞,实是钦佩!今日途经贵公司,特来拜访。"

厂长:"不敢当!过奖了。"

校长又说:"厂长您真是一位有远见卓识的人,首创'奖教基金会'。不但在本市能实实在在地支持教育事业,更重要的是,您的思想影响很大。'奖教基金会'由您始创,如今已由点到面,由本市到外市,甚至发展到全国许多地区,真可谓香飘万里……"

校长紧紧围绕厂长颇感得意之处,从各个方面予以充分肯定,谈得厂长满心欢喜。

此时,校长诉说了自己的"无能"和悔恨:"身为校长,明知校舍摇摇欲坠,威胁着师生的生命安全,却毫无良策排忧解难。要是教育界领导都能像厂长这样,支援教育,只要拨一万元钱就能卸下我心头的重石,可是至今申报十几次,仍不见分文。"

这时,厂长的脸上立刻起了微妙的变化,沉默了一会儿,然后说:"校长,既然如此,你就不必再打报告求三拜四了,一万元钱我捐献给你们。"校长听完后,紧紧握住厂长的手,满意地笑了。

这位校长可谓十分精明,他在了解对方的情况下,用美誉推崇的方式获得了募捐的成功。首先,他对厂长远见卓识、首创"奖教基金会"的行为,给了充分的肯定和恰当的赞扬;其次,悲诉自己的"无能"和悔恨,让对方给予同情,从而深深地打动了对方,达到了预期的目的。

称赞对方得意的地方,实际上就是对对方人生价值的肯定。厚道的人,懂得诚恳地赞美他人,这样自然能够赢得他人的信赖和帮助。

请求别人的帮助,很多时候必须在他人身上细思量、狠下功夫,最好不要把你所要办的事情直接说出来,而是要从对方感兴趣的侧面入手。这是说服的要害所在,切中了要害,事情一定会大功告成。

某集团公司承包了一项建筑工程,在纽约建造一幢办公大厦,一切都照原定计划进行得很顺利。大厦接近完工阶段的时候,突然,负责供应大厦内部装饰的承包商宣称,由于情况变化,他无法如期交货。这样的话,整幢大厦都不能如期交工,公司将承受巨额罚金。

长途电话、争执、不愉快的会谈,全都没效果。于是集团公司公关部经理奉命前往华盛顿,当面说服承包商。

"你知道吗?在你们那个区,用你这个姓名的,只有你一个人。"经理走进承包商的办公室之后,立刻就这么说。

承包商有点吃惊:"不,我并不知道。"

"哦,"经理先生说,"今天早上,我下了火车之后,就查阅电话簿找你的地址,在市区的电话簿上,有你这个姓的,只有你一人。"

他很有兴趣地查阅着电话簿。"嗯,这是一个很不平常的姓,"他骄傲地说,"我的家族是从荷兰移居华盛顿的,几乎有二百年了。"

几分钟过去了,他继续说他的家族及祖先。

当他说完之后,经理就赞美他拥有一家很大的工厂:"我从未见过这么庞大的工厂。"

"我花了一生的心血建立了这个事业,"承包商说,"你愿不愿意到工厂各处去参观一下?"

经理爽快地答应了。

在参观过程中,经理赞美他的组织制度健全。经理还对一些不寻常的机器表示赞赏,这位承包商就宣称是他发明的。他花了不少时间,向经理说明那些机器如何操作,以及它们的工作效率多么好。中午到了,他坚持请经理吃中饭。

到这时为止,经理一句话也没有提到此次访问的真正目的。

吃完中饭后,承包商说:"现在,我们谈谈正事吧。我知道你这次来的目的。我没有想到我们的相会竟是如此愉快。你可以带着我的保证回到纽约去,我保证你们所有的材料都将如期运到。"

经理甚至未开口要求,就得到了他想要得到的东西。只要让别人得意了,离自己的满意也就不远了。

唯有双赢才能长赢

双方的合作也好，求人办事也好，势必会使双方的利益或多或少有些不均衡。在这种情况下，如果你不给予对方一定的好处，或让其从中得到一定的利益，那么很难取得你想要的结果。所以，你要记住：想办成事，只有双赢，才能长赢。

"双赢共胜"在利益的争夺上有时会表现出一定的妥协性，一方面是失去了一些本不想失的东西，但反过来从另一方面考虑，这种妥协也不失为一种求利的方式，双方讲和以求另一所得，一是可以有效地中止双方的竞争，避免以后在愈演愈烈中遭受损失，二是可以利用这次机会争取到一些合作伙伴，减少你的生存危机，特别是在你首先主动让步的情况下，对方可能会认为你值得信赖，会与你成为好搭档。

做人做事，只有双赢才能长赢，所谓与人方便即是与己方便。当你心中只愿意自己赢的时候，你其实把麻烦也留给了自己；当你心中想着别人的时候，别人自然也把方便留给了你。最终，实现了长久的双赢关系。

有一年夏天，雨下得特别大，冲坏了一条公路，路面塌陷下去两个大坑。而公路的两旁，刚好是老王的菜圃。由于从那段公路经过的车辆和行人都从老王的菜圃里绕过，这样一来毁了不少的菜。老王看着特别心疼，在地里竖起了一个木牌，写着：严禁从菜圃绕路。但是木牌没有起到丝毫的作用。公路上的大坑使得过往的车辆和行人无路可走，只能经过菜圃绕行。

老王非常生气，又在木牌上加了一句：违者罚款五十元。但是这样还是止不住菜圃被践踏的命运，反而让人起了叛逆的心思，故意多弄坏点菜。老王感到很无奈，想了许久后，便拿起铁锹，推着手推车，从菜圃的空地上挖了些泥土，运到公路上填满那两个大坑。路面变得平整后，过路车辆终于又可以在马路上行驶了，于是，就再也没有行人和车辆从菜圃里绕行了。

老王这种做法，就是和路人达成了双赢的局面，这当然也是一种长赢的局面：从此之后他再也不会怕有人践踏菜圃了。

当你心中只有自己的时候，你可能把麻烦留给了自己；当你心中想着和别人一起共赢的时候，其实他人也在不知不觉中帮助了你。这可不只是一条哲理，也是一盏明灯，更是通往幸福的路径，打开成功大门的钥匙。当你主动去帮助别人达到共赢境界的时候，你也就为自己开辟了一条光明的大道。越是共赢，就越是长赢。

第八章
利不独享,义不容辞

把功劳多分几块送人

春秋时期，齐国侵占鲁国和卫国，鲁、卫两国求救于晋国，晋景公于是任郤克为中军元帅，士燮佐上军，栾书统领下军，让他们率军出战。在战斗中，晋军将领与士兵们同仇敌忾，一起冲锋陷阵，郤克身受箭伤，仍在战场奋勇杀敌。结果晋军获得大胜，齐国献宝求和，归还了侵占鲁、卫的土地。

晋军凯旋时，许多人都前来迎接晋国将士。士燮走在军队的最后面，他的父亲问他原因，他回答说："军队立大功，国人欢喜的在这里欢迎，我如果先进去，必将成为众人瞩目的焦点，这是代帅受名，所以我不能走在前面。"他的父亲见儿子能够如此谦逊，非常高兴。

郤克晋见晋景公，晋景公对他说："这次取胜，是你的功劳啊！"郤克谦虚地答道："这是君主平日的训导，其他将领们的努力，我哪有什么功劳呢？"士燮晋见晋景公，晋景公对他说："打了胜仗，是你的功劳！"士燮谦虚地说："这是荀庚的运筹帷幄，郤克的指挥有方，我哪有什么功劳呢？"栾书去晋见晋景公，晋景公同样称赞他立了功。栾书说："这是士燮指挥有方，士兵们拼命杀敌，我哪有什么功劳呢？"

立了大功，却不居功自傲，有了荣誉，却谦虚谨慎，克己让功。"三将让功"的故事被人们传为佳话。

当你将功劳让给别人时，切勿要求对方报恩，或者摆出威风凛凛的态度。因为他们可能会感到自尊心受损，进而采取反抗的行动。如此一来，反而得不偿失。

把功劳让给他人不过是小恩小惠，但就是这点滴水之恩，却可以令他人涌泉相报。孰得孰失，人人自明。

有个人很有才气，编的杂志很受欢迎，有一年更得到大奖。一开始他还很快乐，但过了一个月，却失去了笑容。因为同事，包括他的上司，都在有意无意间和他作对。

原因是这样的：他得了奖，上司除了新闻局颁发的奖金之外，另外给了他一个红包，并且当众表扬他的工作成绩。但是他并没有感谢上司和下属的协助，更没有把奖金拿出一部分请客。大家表面上不便说什么，但心里却感到不舒服。

事实上，这份杂志之所以能得奖，他的贡献最大。但是当有好处时，别人并不会认为谁才是唯一的功臣，总是认为自己没有功劳也有苦劳，所以他独享功劳，当然就引起别人的不快了。尤其是他的上司，更因此而产生了不安全感，害怕失去权力，他自然也不会有好日子过。结果两个月后，他就因为待不下去而辞职了。

当你在工作上有特别表现而受到肯定时，千万记得要厚道，别独享功劳，否则这份功劳会为你带来人际关系上的危机。

因此不要独享功劳，说穿了就是不要威胁到别人的生存空间，因为你的荣耀会让别人变得暗淡，使别人的地位发生动摇，产生一种不安全感。而你的感谢、分享、谦卑，正好让旁人吃下一颗定心丸，人性就是这么奇妙。

如果你习惯独享功劳，那么有一天就会独吞苦果！

与人分享功劳，让你少树敌人，进一步与人分享你的经历，才能让你赢得友谊。

不必揽功，因为功劳推不掉

孔子十分赞赏一个叫孟子反的人，夸他从来都不夸耀自己的功劳，有一次打了败仗要撤退，他亲自殿后，掩护大部队，一直撤到城门下面。其他人都对他的勇气赞叹不已，他这时候却一拍马屁股跑到了队伍前面，说，哪里是我胆子大，敢亲自殿后？实在是我这匹马跑得慢啊！

如果从"谦虚"的角度上来讲，孟子反做得有点过头了，即便是低调，也没孟子反这种低调法，完全不符合儒家的中庸之道。然而，当我们深入思考时，会发现孟子反所展现的并非仅仅是谦虚，而是一种极为高明的智慧——不揽功。

古代的朝廷犹如一个大职场，其凶险程度远胜于今日。那时的"老板"君主，一旦不满，便可能斩首"员工"臣子。在无数颗脑袋落地之后，痛定思痛，官员们得出了一个结论："功高盖主要不得。"并且举一反三,不光不能揽功,而且要把功劳让给老板。

西晋名将王濬于280年巧用火烧铁索之计,灭掉了东吴,三国分裂的局面至此方告结束,国家重新归于统一,王濬的历史功勋是不可埋没的。岂料王濬克敌制胜之日,竟是受谗言遭诬陷之时,安东将军王浑以不服从指挥为由,要求将他交司法部门论罪,又诬陷王濬攻入建康之后,大量抢劫吴宫的珍宝。

这不能不令功勋卓著的王濬感到畏惧。当年消灭蜀国,收降后主刘禅的大功臣邓艾,就是在获胜之日被谗言构陷而死,他害怕重蹈邓艾的覆辙,便一再上书,陈述战场的实际状况,辩白自己的无辜,晋武帝司马炎倒是没有治他的罪,而且力排众议,对他论功行赏。

可王濬每当想到自己立了大功,反而被豪强大臣所压制,一再被弹劾,便愤愤不平,每次晋见皇帝,都一再陈述自己伐吴之战中的种种辛苦以及被人冤枉的悲情,说到激动之处,也不向皇帝辞别,便愤愤离开朝廷。他的亲戚范通对他说:"足下的功劳可谓大了,可惜足下居功自傲,未能做到尽善尽美!"

王濬问:"这话什么意思?"范通说:"当足下凯旋之日,应当退居家中,再也不要提伐吴之事,如果有人问起来,你就说:'是皇上的圣明,诸位将帅的努力,我有什么功劳可夸的!'这样,王浑能不惭愧吗?"王濬按照他的话去做了,谗言果然逐渐平息。

立了功,本是值得庆贺之事,但实则暗藏危机。一旦背上

"居功自傲"的罪名，可能招致他人的嫉妒与怨恨。把功劳让给上司，是明智的尊重与捧场，更是对自己稳妥的保护。

因为大多数上司是闻功则喜，在评功论赏时，上司总是喜欢冲在前面。而犯了错误或有了过失，许多上司都有后退的心理。这个道理古今一般，因为是人的本性。

所以，在工作中，假如我们努力完成了一项对公司非常有利的业务，照理说应该受到公司的嘉奖和上司的表扬，在众人面前也能露脸，但是如果能够将功劳让给上司，那将是另一番情景。能得的嘉奖一点都不会少，还能得到上司的青睐，何乐而不为呢？

不过，当代社会已经没有了古代朝廷的残酷，上级和下属之间的权利和义务也相对更平等了。这当然不是说我们可以大胆揽功了，而是说，如果我们也成了手下管着几号人的主管，那么作为上级，下属可以主动把功劳让给我们，但上级却不应该主动去抢下级的功劳。

某公司的营销主管李卫很民主，常会听取下属的意见："这看法不错，你将它写下来，这星期内提出来给我。"下属们听了这话很高兴，踊跃地做各种企划，大家争着提供意见，其中的大部分为李卫采用了。然而，每一次发表考绩，这一切却都归功于李卫一人。一年后，李卫就完全为下属所讨厌了。

李卫感到很迷惑，不了解下属讨厌他的原因，心想："是他们的构想枯竭了吗？那么再换些新人进来吧！"于是和其他部门交涉，调换了几个新人。

一进来，李卫就向他们提出一个要求："我们营销部，传统上是要发挥分工合作的精神，希望大家能够同心协力，提高营销部的业绩。"然而，并无人加以理会，他们心想："营销部的功绩，最后都归于你一个人，你老是抢别人的功劳，一个人讨好上司。"

将自己部门内的成绩完全归功于自己，是作为一个领导者很容易犯的毛病。任何工作的成功都离不开团队的努力，绝不可能始终靠一个人去完成。作为领导应该感激下属的付出，而不是将功劳全部归于自己。

一个让下属放心追随的领导者既不会独占功劳，也不会诿过于下属，他们在下属的心里就像一棵可以乘凉的大树，是他们真正可以依靠和信赖的靠山。

总之，功劳这东西是虚的，你揽或者不揽，它都在那里，即使你推掉了功劳，绝口不提自己的贡献，人们也是看在眼里的。不揽功，非但收获了功劳，而且收获了别人的尊重，何乐而不为呢？

挑得起重担，走得了远路

世界上很少有报酬丰厚却不需要承担任何责任的便宜事，想要一时不负责任当然有可能，但要免除世间所有的责任却要付出巨大的代价。当责任从前门进来，你却从后门溜走，你失去的是伴随责任而来的一切回报！对大部分的职位而言，回报和所承担的责任有直接的关系。

一个公司有三个大分厂，一分厂历来管理基础较好，但规模较其他两个分厂小一些。一分厂的厂长姓林，在他的经营下，一分厂业绩斐然。后来，董事长决定调林厂长到三分厂当厂长。三分厂是公司规模最大、设备最先进、管理却是最混乱的一个分厂。之前已经有好几个厂长去那里，都无功而返。因此，得知调动消息时，林厂长很矛盾：不去吧，董事长可能不高兴。去吧，一旦搞砸了，想再回一分厂都不行了。而且，由于多年管理一分厂，一切工作运作程序早就规范化了，管理起来很轻松。

思量再三，林厂长还是答应去三分厂，因为他有责任把这个管理混乱的分厂搞好。半年多的时间过去了，原来最混乱、生产能力最低的三分厂，一跃成为整个公司的生产管理标杆厂，各项指标均居首位。

后来，董事长把三分厂的经营管理权下放给了林厂长，并给他80万元的年薪，而林厂长原来的工资，每月只有10000元！

有多大能力，担当多大责任，林厂长勇于担当责任，由此不仅带动了公司的发展，也让自己在担当责任中得到了发展。责任来自良心，而不是来自薪水。坚守住了责任，在某种程度上说，也就坚守住了自己的前途。

有一位在一家公司担任人力资源总监的先生讲述了这样一件事情：

2019年10月，我们公司的营销部经理带领一支队伍参加某国际产品展示会。在开展会之前，有很多事情要做，包括展位设计和布置、产品组装、资料整理和分装等，需要加班加点地工作。可营销部经理带去的那一帮安装工人中的大多数人，却和平日在公司时一样，不肯多干一分钟，一到下班时间，就溜回宾馆去了，或者逛大街去了。经理要求他们干活，他们竟然说："没加班工资，凭什么干啊？"更有甚者还说："你也是打工仔，不过职位比我们高一点而已，何必那么卖命呢？"

在开展会的前一天晚上，公司老板亲自来到展场，检查展场的准备情况。

到达展场，已经是凌晨1点，让老板感动的是，营销部经理和一个安装工人正挥汗如雨地趴在地上，细心地擦着装修时粘在地板上的涂料。而让老板吃惊的是，其他人一个也见不到。见到老板，营销部经理站起来对老总说："我失职了，我没能让所有人都来参加工作。"老板拍拍他的肩膀，没有责怪他，而指着那个工人问："他是在你的要求下才留下来工作的吗？"

经理把情况说了一遍。这个工人是主动留下来工作的，在他留下来时，其他工人还一个劲儿地嘲笑他是傻瓜："你卖什么命啊，老板不在这里，你累死老板也不会看到啊！还不如回宾馆美美地睡上一觉！"

老板听了经理反映的情况，没有任何表示，只是招呼他的秘书和其他几名随行人员加入工作中去。参展结束，一回到公司，老板就开除了那天晚上没有参加工作的所有工人和工作人员，同时，将与营销部经理一同打扫卫生的那名普通工人提拔为安装分厂的厂长。

我是人力资源总监，那一帮被开除的人很不服气，来找我理论："我们不就是多睡了几个小时的觉吗，凭什么处罚这么重？而他不过是多干了几个小时的活，凭什么当厂长？"他们说的"他"就是那个被提拔的工人。

我对他们说："用前途去换取几个小时的懒觉，是你们自己的行为，没有人逼迫你们那么做，怪不得谁。而且，我可以这件事情推断，你们在平时的工作中偷了很多懒。他虽然只是多干了几个小时的活，但据我们考察，他一直都是一个认真负责的人。他在平日里默默地奉献了许多，比你们多干了许多活。提拔他，是对他过去默默工作的回报。"

这个例子让人深深地感觉到了责任的重要性。对公司负责，就是履行你作为员工对公司、对老板的责任。任何一名员工，都不能忘记对公司的责任和使命。无论一个人担任何种职务，从事什么样的工作，他都对企业负有责任，这是社会法则，这是道德法则，这还是心灵法则，更是生存法则。

第九章
知恩图报,助人者人助之

投桃报李,为人也为己

俗话说"滴水之恩,当涌泉相报",说的就是一种"知恩图报"的行为。

一个猎人上山打猎,看见一只狼卧在山坳里,当他举起猎枪瞄向狼的时候,狼没跑,仍卧在那里。猎人不明,近前一看,发现是只怀孕的母狼,而且它的一条腿折了。狼看着猎人,似乎在乞求饶命。猎人动了恻隐之心,不但没有杀它,还为它敷药包扎伤腿。

冬天到了,一场大雪封住了猎人的家门,他一连好几天都无法上山打猎。一天夜里,猎人听到自家靠山根的后院里,"扑通扑通"的,像是有人在往院里扔东西。第二天,猎人开门一看,院里扔了几只野兔和山鸡。以后每逢下大雪不能上山的时候,都是这样,原来是狼在报恩。

动物尚且知道"知恩图报",人在接受别人的帮助以后更应该懂得去知恩图报。

知恩图报既是一种厚道的行为,又是一种奉献的精神,如果不懂知恩图报,你就会马上陷入一种糟糕的境地,对许多客观存在的现象日益挑剔甚至不满。如果你的头脑被那些令你不满的现象所占据,你就会失去平和、宁静的心态,并开始习惯注意并指责那些琐碎、消极、猥琐、肮脏甚至卑鄙的事情。放任自己的思想去关注阴暗的事情,你自己也就变得阴暗,并且,从心理上,你会感觉到你身边阴暗的事情越来越多,让你难以摆脱。但是如果你能让自己保持一颗感恩的心,把自己的注意力集中在光明的事情上,你将会变成一个积极向上的人,一个大有作为的人。

隐机禅师得了一种奇怪的病,很多郎中试了很多方法都没治好他的病。后来,寺里的和尚们听来一个方子,说可以用萨荑红来试一试。

萨荑红是一种名贵的药材,往往开在深山老林里的悬崖上,这种药材往往一株就价值十多两银子。

隐机禅师的寺所在的大山里就有这种药材,数量不多,而且极难采摘。

听说了这件事之后,山下村子里一位信佛的药农无偿送给了禅师一枝药材。禅师服用后,病居然真的奇迹般地好了。

禅师病好之后,就开始让寺里的徒弟上山采萨荑红。寺里的徒弟们年轻力壮,很多出家前也是大山里来的子弟,悬崖峭壁不在话下,所以每年总能采到几株萨荑红。于是,禅师就每年挑选一株最好的送给药农,如此,持续了九年。

时间久了,很多徒弟对禅师的做法有些不解:药农送给我们一株,我们还一株就可以了,为什么每年都要给他一枝?

听到徒弟们的质疑,禅师把徒弟们召集到一起,问:"我们已经赠送给了几株药材给送药的施主？"

众徒弟异口同声："九株。"

只有一个徒弟不说话，禅师笑了笑，问他："说说你的答案吧。"

那个徒弟回答说："一株。"

禅师问："为什么说是一株呢？"

那个徒弟回答说："没有最早施主送的那一株萨蒉红，哪来之后我们的九株呢？"

禅师听罢微笑着点了点头，其他徒弟恍然大悟。

是啊，如果没有药农之前的一株药，哪里还会有禅师报恩的那一天，禅师送给药农的不是一味药，而是一份感激。这并不是能用"以一换一"的交易能够衡量的。

常怀感恩之心也就拥有了人类最微小也最不能丢失的美德，也就拥有了成功的基础。

古人云："施人慎勿念，受施慎勿忘。"知恩图报是一个人不可磨灭的良知。一个懂得知恩图报的人，就拥有了人生最重要的美德，生活最重要的智慧。

知恩图报是多赢的处世哲学

人们都普遍认为，老板和员工是一对矛盾的统一体。从表面上看起来，彼此之间存在着对立性——老板希望减少人员开支，而员工希望获得更多的报酬。事实上，从更高的层面来看，老板和员工之间并不是对立的，两者之间是一种互惠双赢的合作关系：我们在为老板打工的同时，也在享受老板和公司提供的个人发展平台。因此，我们应当学会知恩图报，学会了知恩图报，结果一定是多赢的。

在公司中，我们要懂得知恩图报，不要将拥有的一切都视为理所当然。我们要感谢我们的工作，它不仅给了我们生存的物质，还为我们提供了展现人生价值的舞台，让我们的人生阅历得以丰富，让我们的人格得以锤炼，让我们的聪明才智找到萌芽的乐土。懂得知恩图报的员工才能够成为优秀的员工，因为他知道感恩，知道如何去感谢一个组织，知道如何去感谢帮助过他的人，这是其做好工作的一个起码的基础。如果一个员工连起码的感恩都不知道，又怎么能珍惜工作、热爱生活呢？

李洁毕业于哈佛大学商学院，曾就职于美国西南航空公司。与她相处过的同事都对她的微笑、善良和勤劳留有深刻的印象，几乎每一个和她相处过的人都成了她的朋友。

有人不解，问李洁有什么和人相处的秘诀。

李洁微笑着说："一切应该归功于我的父亲。在我很小的时候他就教导我，对周围任何人的赋予，都应该抱有感恩的心态，而且要永远铭记,要使自己尽快忘记那些不快。

"我幸运地获得了这份工作,有很多友善的同事,虽然上司对我的要求很严格,但在生活方面对我很照顾。所有的这一切,我都铭记在心,对他们心存感激。

"我一直带着这种感激的态度去工作,很快我就发现,一切都美好起来,一些微不足道的不快也很快过去。我总是工作得很顺利,大家都很乐意帮助我。"

每家企业都是一样,所有同事都更愿意帮助那些知恩图报的人,老板也更愿意提携那些一直对公司抱有感恩心态的员工。因为这些员工更容易相处,对工作更富有热情,对公司更显忠诚。

知恩图报是一种积极的心态,同时也是一种随时准备奉献的精神体现,它更是一种力量。当你以一种知恩图报的心情去工作时,你会工作得更愉快,也会更有效率。

张国辉是美国奥美广告公司的一名设计师,有一次被公司总部安排前往日本工作。与美国轻松、自由的工作氛围相比,日本的工作环境显得更紧张、严肃和有紧迫感,这让张国辉很不适应。

"这边简直糟透了,我就像一条放在死海里的鱼,连呼吸都困难!"张国辉向上司抱怨。上司是一位在日本工作多年的美国人,他完全能理解张国辉的感受。

"我教你一个简单的方法,每天至少说40遍'我很感激'

或者'谢谢你',记住,要面带微笑,发自内心。"

张国辉抱着试试看的态度,一开始还觉得很别扭,要知道"刻意地发自内心"可不是件容易的事情。

可是几天下来,张国辉觉得周围的同事似乎友善了许多,而且自己在说"谢谢你"的时候也越来越自然,因为感激已经像种子一样在他心里悄悄发芽。

逐渐地,张国辉发现周围的事情并不像自己原来想象的那么糟糕。到最后,张国辉发现在日本工作简直是一件让人愉快的事情。

是感恩的态度改变了这一切!

"谢谢你!""我很感激!"当你微笑而真诚地把这些话说出去之后,在你自己和别人的心里就已经埋下了快乐的种子,而快乐是比任何物质奖励都宝贵的礼物。

当你带着知恩图报的心情去工作时,你的态度无疑会是快乐而积极的。

作为企业的一分子,无论是才华出众的"领导人物",还是默默无闻的小职员,都应当对自己的工作、对企业、对老板抱有感恩的态度。始终抱有感恩的态度,你就很容易成为一个品德高尚的人,也就会更有亲和力和影响力,这会为你的工作带来很大的益处。

最该报答的是那些寻常小事

在生活当中,我们总是对寻常不过的小细节熟视无睹,其实,那些看似平常的小事才更值得我们去报答,因为这些小细节,往往是爱不经意间的流露。

在朋友家吃晚饭,一盘色香味俱全的红烧鱼刚上桌,朋友已不声不响地伸筷,把鱼头夹到了自己碗里。

回去路上,灯火淡淡的小路上,我不禁有点疑惑:"一起吃过那么多次饭,我怎么都不知道你爱吃鱼头呢?"

他答:"我不爱吃鱼头。"

"从小到大,鱼头一直归我妈,她总说:一个鱼头七种味,我跟爸就心安理得地吃鱼身上的好肉。直到有一天我看到一本书,那上面说,所有女人都是在做了母亲之后才喜欢吃鱼头的,原来,妈骗了我20年。"朋友微笑着说,声音淡如远方的灯火,却藏了整个家的温暖,"也该我骗骗她了吧,不然,要儿子干什么?"

我一下子怔住了,夜色里这个平日熟悉的大男孩,仿佛突然长大了很多,呈现出我完全陌生的轮廓。

不久后的一天,我去朋友母亲的单位办事,时值中午,很自然地便一起吃午饭,没想到她第一个菜就点了砂锅鱼头。

朋友的话在我心中如林中飞鸟般惊起,我不禁向她转述了朋友那天说的话。

"是吗?"朋友母亲笑起来嘴角有小小的酒窝,"我是真的喜欢吃鱼头,一直都喜欢。我儿子弄错了。"

"那您为什么不告诉他呢?"我问。

她慌忙摆手:"千万不要。孩子大了,和父母家人,也像隔着一层,彼此的爱,搁在心里,像玻璃杯里的水,满满的,看得见,可是流不出来,体会不到。"她的声音低下去,"要不是他每天跟我抢鱼头,我怎么会知道,他已经长得这么大了,大得学会体贴妈妈、心疼妈妈了呢?"

砂锅来了,在四溢的香气里,我看见她眼中有星光闪烁。

她微笑着夹了一半鱼头放在我碗里,招呼我:"尝一尝,一个鱼头七种味呢。"

小时候,妈妈总爱把鱼肉或者鸡肉让给孩子吃,而自己只吃肉最少的头部和尾部,长大以后,我们常常被这种沉甸甸的母爱所震撼和感动,就像文中所说:"所有的女人都是在做了母亲之后才喜欢吃鱼头的。"而上文故事却出乎我们意料,原来鱼头不仅仅是一种食物,也是母子两人的桥梁与枢纽。

家人之间如此,爱人之间也是如此,幸福往往体现在各种寻常的小细节,这些来自小细节的爱,才更值得我们去感恩。懂得感恩,珍惜别人对我们的关爱,宽恕别人的一些小过错,这样才能更好地相处。

第十章
诚实可启人之信我

欺诈是饮鸩止渴

现实生活中，许多人把说谎、欺骗视为获取成功的一种手段，相信说谎、欺骗会给自己带来好处。

确实，欺诈能够带来短暂的好处，尤其是当一个人的信誉还没有被透支的时候。但是个人信誉的透支速度是极快的，经不起几次消费，一旦信用破产，就只能自食其果。

所以，从利害上打算，诚实也是一种最好的政策。

有一次，曾子的妻子到市场上去，他的儿子哭闹着要跟着去。曾子的妻子说："你先回去，等回来时，宰只小猪给你吃。"妻子从集市上回来后，曾子要捉小猪杀给儿子吃，妻子不让他杀，说："这不过是和孩子说着玩的。"曾子说："小孩子不可以和他说着玩，他们不懂事，全靠学父母的样子，听父母的言语，现在你欺骗他，不是教他说谎吗？母亲欺骗儿子，儿子不相信母亲，这不是教养之道。"于是杀了小猪给孩子吃。

如果当时曾子选择了欺骗，那么他可以保住一头猪，可是代价呢？从此以后他作为父亲的信誉就丧志殆尽了，他的孩子不会再相信他，甚至于他的儿子会因此学会撒谎，这岂不是得不偿失吗？

戴尔·卡耐基说:"任何人的信用,如果要把它断送了都不需要多长时间。就算你是一个极谨慎的人,仅须偶尔忽略,偶尔因循,那么好的名誉,便可立刻毁损。"

所以,千万不要用欺诈的方式来为自己谋取利益,这样的行为无异于饮鸩止渴。

春秋时期,中国的北方有一个让中原诸侯颇为头痛的政权中山国,公元前408年,中山国国君姬窟发兵犯魏,魏文侯拜乐羊为大将,率领5万人去攻打中山国。

当时乐羊的儿子乐舒在中山国做官,中山国国君利用此父子关系,让乐舒去请求乐羊宽延攻城期限,答应1个月后就投降,乐羊答应了中山国君的要求,结果,1个月之后,中山国却没有履约投降,反而趁着这段时间加固了城防。于是,乐羊再度攻城。

在魏军强大的攻势面前,中山国抵挡不住,于是故伎重演,又派乐舒要求乐羊宽延攻城时间。乐羊为了减少中山国百姓的灾难,同意了。结果,中山国再次失信。这种伪投降的把戏一而再,再而三地一共玩了三次,三个月过去了,依然没有投降。这时,乐羊手下一名叫西门豹的人沉不住气了,询问乐羊为何再三被中山国这种小把戏欺骗,言下之意是你莫非看在自己儿子的面上在徇私情吗?乐羊回答说:"我再三答应他们的诈降,不是为了顾及父子之情,而是为了取得民心,让老百姓知道他们的国君是怎样三番两次地失信于人。"

果然,由于中山国国君一再失信,失去了百姓的支持,最终战败,身死国灭。

中山国国君就是饮鸩止渴的典型,用欺骗的方式换来了短暂的喘息,结果却断送了老百姓的支持,加速了自己的灭亡。

欺诈,这杯看似甜美的毒酒,终究只会让人自食其果。诚实不仅是一种品质,更是一智慧。它不仅能够赢得他人的信任和尊重,更能够让我们在人生的道路上走得更加坦荡和自信。让我们用真诚和信任去构建一个更美好的社会。

骗到的是芝麻,丢失的会是西瓜

孔子把"信"列为对学生进行教育的"四大科目"(言、行、忠、信)和"五大规范"(恭、宽、信、敏、惠)之一,强调要"言而有信",认为只有"信",才能得到他人的"信任"("信则人任焉")。大车无輗(大车辕端与衡相接处的关键),小车无軏(小车辕端与衡相接处的关键),一个人,如果失去"信",就像车子没有轮中的关键一样,是一步也不能行走的。

唐朝元和年间,东都留守名叫吕元应。他酷爱下棋,养有一批下棋的食客。吕元应与食客下棋,若有人赢他一盘,则可获车马接送之礼;若再赢一盘,可携家带口前来府上食宿。

有一日,吕元应在亭院的石桌旁与食客下棋。正在激战犹酣之际,卫士送来一摞公文,要吕元应立即处理。吕元应便拿起笔准备批复。下棋的食客见他低头批文,认为他不会注意棋局,迅速地偷换了一子。哪知,食客的这个小动作,吕元应看得一清二楚。他批复完公文后,不动声色地继续与食客下棋,食客最后胜了这盘棋。食客回房后,心里一阵欢喜,企望着吕元应提高自己的待遇。

第二天,吕元应带来许多礼品,请这位食客另投门第。其他食客不明其中缘由,很是诧异。十几年后,吕元应处于弥留之际,他把儿子、侄子叫到身边,谈起这次下棋的事,说:"他偷换了一个棋子,我倒不介意,但由此可见他心迹卑下,不可深交。你们一定要记住这些,交朋友要慎重。"

吕元应多年的人生经验,深觉棋品与人品密不可分,棋品即人品。在日常生活中,一些看似微不足道的不守信用的行为,实则会在我们的品格上留下深刻的污点,成为我们人生发展道路上的隐患。

诚信是一种智慧,不论组织或个人,信用一旦建立起来,就会形成一种无形的力量,成为一种无形的财富。一个诚信不欺、一诺千金的人往往易于得到认可,获得帮助。从某种意义上说,诚信就是一个人的生存资本,正如哲学家康德所说:"诚实比一切智谋更好,而且它是智谋的基本条件。"

1950年,李嘉诚凑了5万元港币,开办"长江塑胶厂",主要生产玩具和家庭用品。创业初期,条件非常艰苦,但是李嘉诚的职员却很少有人跳槽。这是因为李嘉诚一直把诚实作为自己的人生准则："只有你以诚待人，别人才会以诚相报。"

后来，精明的李嘉诚看准了塑胶花市场的巨大潜力，就集中所有的人力、物力，全部投入到塑胶花的生产中。当时，有位外商觉得李嘉诚经营有方，生产的产品价廉物美，就找到李嘉诚，希望大量订货。但是，为了供货有保障，这位外商提出，长江工业有限公司必须寻找有实力的厂家做担保。

这是一笔大生意，为此，李嘉诚欣喜不已，可是找谁做担保呢？李嘉诚接连跑了几天，都没有什么结果，最后只好如实相告："先生，我非常想长期和您合作，但是很遗憾，我实在无法找到厂家为我担保。如果您因此而重新做出决定，我将尊重您的决定。"

那位外商沉默了一会儿，说："从你刚才的谈话中可以看出，你是一位诚实的人。我想，相互间的诚实才是互相合作的基础。我已经决定了，你不必再找人担保了，我们现在就签合同。"

李嘉诚听了十分高兴，但是他还有一个难处，就是资金有限，一下子完不成那么多订单，李嘉诚不得不把这一实情告诉外商。李嘉诚以为，只要自己说出了实话，对方就会取消和自己的合作，可事实恰恰相反，那位外商听了李嘉诚的话后，不但没有取消订单的意思，反而非常开心地说："李先生，现在我更能肯定你是一位值得信赖的人了。我愿意提前付款，为你解决资金难题！"

就这样，李嘉诚非常顺利地签下了合同，赚到了一笔数目可观的钱。从这件事中，李嘉诚领悟到，只有"信誉第一，以诚待人"这八个字,才是今后经营中应当遵守的金科玉律。从那以后,李嘉诚的公司如同他的名字一样,都挂上了一块"诚"字招牌,恰恰是"诚实"二字,为李嘉诚今后闯荡商界打下了坚实的根基。

李嘉诚的成功得益于很多因素,但是他的诚实,无疑是他赢得诸多合作伙伴的重要原因之一。诚实好比人的名片,无论走到哪里,都会为其赢得信赖。在一个人的成功道路上,诚信的品格比能力更重要。

也许谈到诚实与守信,你会认为"老实吃亏"。的确,在我们的人生旅途中,也许我们会由于诚实而暂时错过一些东西,但是,从长远来看,这些都算不了什么。因为我们树立了诚实守信的形象与名声,从而被人信赖,这是无法用金钱衡量的。有时,凭借欺诈、奇迹和暴力,可以获得一时的成功,但是只有凭借诚实与守信,我们才能获得更大的成功。

言而无信,再言便再无人信

中国人历来把守信作为为人处世、齐家治国的基本品质,言必行,行必果。自古以来,讲信用的人受到人们的欢迎和赞颂,不讲信用的人则受到人们的斥责和唾骂。在人与人的交往中,把信用、信义看得非常重要。孔子说:"与朋友交而不信乎？"墨子说："志不强者智不达，言不信者行不果。"还有"一诺千金，一言九鼎""一言既出，驷马难追"等都是强调一个"信"字。

"君子而诈善，无异小人之肆恶；君子而改节，不若小人之自新。"源自《菜根谭》，说的是，伪装的君子，和任意作恶的小人是没有什么区别的；正人君子如果改变自己的操行志向，他的品质还不如一个痛改前非重新做人的小人。人要坚持操行志向，做有诚信之心的人，这样才能立足于天下而不败。

生活里，才华出众的人并不少见，甚至时常会有天才出现。但是，才华和智慧就是让人拥有信赖的资本吗？真正值得信赖的是人品格中的忠诚和诚实，这种品质会赢得人们的尊重。忠诚是一个人美德中的基础，它会通过人的行动体现出来，即正直、诚实的行为。如果人们把他看作一个可信的人，他一定做到了诚信，言必行，行必果。因此，值得信赖是赢得人类尊重和信任的前提。

东汉时，汝南郡的张劭和山阳郡的范式同在京城洛阳读书，学业结束，他们分别的时候，张劭站在路口，望着长空的大雁说："今日一别，不知何年才能见面……"说着，流下泪来。

范式拉着张劭的手，劝解道："兄弟，不要伤悲。两年后的秋天，我一定去你家拜望老人，同你聚会。"

两年后的秋天，张劭突然听见长空一声雁叫，牵动了情思，不由自言自语地说："他快来了。"说完赶紧回到屋里，对母亲说："妈妈，刚才我听见长空雁叫，范式快来了，我们准备准备吧！"

"傻孩子，山阳郡离这里一千多里，范式怎么来呢？"他妈妈不相信，摇头叹息，"一千多里路啊！"

张劭说："范式为人正直、诚恳，极守信用，不会不来。"

他妈妈只好说："好好，他会来，我去打点酒。"

约定的日期到了，范式果然风尘仆仆地赶来了。旧友重逢，亲热异常。老妈妈激动得站在一旁直抹眼泪，感叹地说："天下真有这么讲信用的朋友！"范式重信守诺的故事一直被后人传为佳话。

许诺是非常严肃的事情，对不应办的事情或办不到的事，千万不能轻率应允。一旦许诺，就要千方百计去兑现。否则，就会像老子所说的那样："轻诺必寡信，多易必多难。"一个人如果经常失信，一方面会破坏他本人的形象，另一方面还将影响他本人的事业。

明代《郁离子》一书中有如下一则故事：

济阳某商人过河船沉，他拼命呼救，渔人划船相救。商人许诺："你如救我，我付你一百两金子。"渔人把商人救到岸上。商人只给了渔人八十两金子，渔人斥责商人言而无信，商人反责渔人贪婪。渔人无言走了。后来，这商人又乘船遇险，再次遇上渔人。渔人对旁人说："他就是那个言而无信的人。"众渔人停船不救，商人淹死河中。

这就是言而无信的后果，人不会上当第二次，当你第一次言而无信时，第二次再言，便再无人信。

古人崇尚仁、义、礼、智、信。信是立人之本。凡事应该以信誉为基础，只有具备了信誉这一良好的资本，你才能被人信赖，才能在做事时游刃有余，有更大的发挥空间。

第十一章
矫饰不如本色为真

君子坦荡荡，小人长戚戚

"君子坦荡荡，小人长戚戚"是孔子说的。"戚"就是悲伤的意思，说的是小人总是经常很忧郁，很悲伤。

为什么小人老是不开心呢？因为小人总是为名利所绊，总是患得患失，总是想着算计别人，还要防着夜半鬼叫门，心情自然不会太好。

君子就不一样，君子总是心胸宽阔，仰不愧于天，俯不怍于地，做人坦坦荡荡。

《庄子·盗跖》中讲了一个"尾生抱柱"的故事：有一次尾生约了一个女孩子在桥边相会，结果那女子却一直没来。这个时候天下起了大雨，河水暴涨，眼看就要淹到尾生了。但是尾生心想，既然约了就得等下去，怎么能够爽约呢？于是一直站在暴涨的河水中不走，为了防止被水冲走他就抱着一根柱子。结果是，那女子始终没来，尾生被淹死了。

这样的人能算君子了吧？但孔子对他依然不满："孰谓尾生高直？或乞醯焉，乞诸其邻而与之。"

这说的是一件小事，有人来跟这个尾生高借点醋，碰巧尾生高家里也没醋了，但是尾生高却没有直说，而是跑到邻居家里借了点醋，给了那个朋友。

孔子觉得这样不耿直,有借花献佛的嫌疑。没醋,就说没醋,这不是什么大不了的事情,何必要如此计较?因此,孔子认为尾声"不耿直",算不得君子。

孔子还说过一类人:"匿怨而友其人,左丘明耻之,丘亦耻之。"说有一些人,明明心里特别讨厌一个人,嘴上却不说,还跟人交朋友,左丘明很看不起这种人,我也看不起。

在孔子看来,所谓君子不光是行为上助人为乐,友善亲和,更重要的是做人做事要"实在",就算是为了借别人醋,或者跟别人交朋友这些看上去无害的事情,也绝对不能够虚伪。有就是有,没有就是没有。喜欢就是喜欢,不喜欢就是不喜欢。君子最忌讳的就是虚伪,虚伪的人,是怎么也坦荡不起来的。

因此,"君子坦荡荡"首先是不能欺骗,既不能欺骗别人,也不能欺骗自己。有一次孔子的学生司马牛问孔子什么叫君子,孔子回答说:"君子不忧不惧。"司马牛不明白,说:"不忧不惧就算君子了吗?"孔子说:"内省不疚,夫何忧何惧?"意思是我审问自己的内心,没有什么值得愧疚的事情,有什么值得忧虑恐惧的!

在孔子看来,一个君子绝不能做问心有愧的事情,只有问心无愧,才能坦坦荡荡。

豫让是春秋时代晋国家臣智伯的门客。春秋末年,三家分晋。赵氏的大夫赵襄子杀死智伯,还把智伯的头盖骨摘下来当杯具。为了给智伯报仇,豫让决定刺杀赵襄子。

于是,豫让躲进赵襄子的厕所里等着赵襄子。赵襄子上厕所之前突然觉得心中悸动不安,于是断定厕所里有刺客,找人一搜,就把豫让搜出来了。但是,赵襄子很佩服豫让为主尽忠的举动,非但没杀豫让,反而把他放了。走之前,豫让说:"虽然你把我放了,但是咱们得把话说清楚。智伯的仇,不共戴天,无论如何我都是要报的。"赵襄子点点头,说:"你去吧,我自己下次小心点就是了。"

豫让回去之后,想到自己的面容音色已经被赵襄子记住了,为了能够顺利行刺,他选择了毁容——全身漆上了油漆,于是皮肤溃烂长疮疤,又把烧红的炭吞进肚子里改变了音色。

毁容之后的豫让,连自己的妻子都认不出他来了。只有一个之前和豫让关系非常好的朋友认出了豫让,于是抱着豫让大哭,说:"豫让啊豫让,你这是何苦!以你的能力你若是去投奔赵襄子一定能够成为他的亲随的,到时候你再找机会一刀刺死他,多么容易啊,你何必如此自残呢!"

这时候,豫让却回了一番话:"如果我去投奔了赵襄子,但是心里又想着要杀他,这就是怀二心啊。我做的事情是很难的。因为我不光要刺杀赵襄子,我还要用我的行动让那些侍奉君主却怀着二心的人感到万分的惭愧!"

说罢,豫让义无反顾地再一次前去刺杀赵襄子。但这一次,豫让又失败了,赵襄子一眼就从人群中认出了毁容后的豫让。

豫让,可以说是中国历史上最悲壮的刺客。他的悲壮来自他的坦荡。一般的刺客在行刺前一定要先取信于行刺对象,豫让却觉得,刺杀一个信任自己的人,是极为不道德的行为,他宁可漆身吞炭，宁可最后搭上自己的性命，也不愿意做这种事情，因为即便是为了一个正义的目标，豫让也不愿意使用让自己问心有愧的手段。

虽然刺客是一个不光彩的身份，但豫让当之无愧是坦荡荡的君子。如果说豫让凭借着自己的坦荡赢得了世人的尊敬，那么，西晋年间的石苞则因坦荡赢得了自己的性命。

石苞是西晋初期一位著名的将领，曾被晋武帝司马炎派往淮南镇守，淮南地区在他的治理下，兵强马壮。他平时勤奋工作，各种事务处理得井井有条，在群众中享有很高的威望。

当时，天下还没有统一，占据江东的孙吴势力还在，所以，对于石苞来说，他实际上担负着镇守边疆，一方面防止孙吴入侵，一方面又为统一江东做准备的重任。

贫寒出身的石苞受到了很多人的嫉妒，尤其是在淮河以北担任监军的王琛，十分看不起石苞，当时有这样一首童谣说："皇官的大马将变成驴，被大石头压得不能出。"石苞正好姓石，所以王琛假借这一童谣散播谣言中伤，说"石头"就是指石苞。他还秘密地向晋武帝报告说："石苞与吴国暗中勾结，企图联合东吴造反自立。"

巧的是，在此之前，风水先生也曾对晋武帝说："东南方将有大兵造反。"等到王琛的秘密报告上去以后，晋武帝便真的怀疑起石苞来了。

正在这时，石苞收到吴国军队将大举进犯的报告，便指挥士兵修筑工事，封锁水路，以防御敌人的进攻。

晋武帝听说石苞固城自卫的消息后更加怀疑,就对中军羊祜说:"吴国的军队每次进攻,都是东西呼应,两面夹攻,几乎没有例外的。难道石苞真的要背叛我?"

羊祜自然不会相信,但晋武帝的怀疑并没有因此而解除。

这个时候,另一件事情使得晋武帝对石苞的怀疑更加深了。当时,石苞的儿子石乔担任尚书郎,晋武帝要召见他,可经过一天时间他也没有去报到,这往往是造反的先兆。于是,晋武帝想秘密派兵去讨伐石苞。晋武帝发布文告说:"石苞不能正确估计敌人的势力,修筑工事,封锁水路,劳累和干扰了老百姓,应该罢免他的职务。"接着就派遣太尉司马望带领大军前去征讨,又调来一支人马从下邳赶到寿春,形成对石苞的讨伐之势。

这个时候,石苞却对此一点都不知情,一直到了晋武帝派兵来讨伐他时,他还莫名其妙。但他想:"自己对朝廷和国家一向忠心耿耿,坦荡无私,怎么会出现这种事情呢?这里面一定有误会。一个正直无私的人,做事应该光明磊落,无所畏惧。"于是,他采纳了孙铄的意见,放下身上的武器,步行出城,等候处理。

晋武帝知道石苞的行动后,顿时惊醒过来,他突然想到,如果石苞真要反叛朝廷,他修筑好了守城工事,怎么不做任何反抗就出城受处罚呢?再说,如果他真的勾结了敌人,怎么没有敌人前来帮助他呢?既然如此,那么讨伐石苞到底有什么真凭实据?想到这一层,晋武帝的怀疑一下子消除了。后来,石苞回到朝廷,受到了晋武帝的优待。

俗话说："脚正不怕鞋歪，身正不怕影斜。"石苞的故事告诉我们：在大是大非和紧急关头，更加应该坦坦荡荡，一旦你的心胸不坦荡，则更加容易引起别人的怀疑。相反，你的坦荡等于是在告诉对方，你问心无愧。

对我们普通人来说，当然不必像豫让一样用惨烈的手段去实践自己的信念，在我们的日常生活中，我们也没有机会遇到像石苞一样的困境。但是，不学尾生高，匿怨而友其人总还是可以做到的，像石苞一样心胸坦荡也是可以做到的。为人坦坦荡荡，只需要俯仰之间无愧天地，足矣。

面具总有被撕下的一天

许多人总喜欢戴着面具做人，把自己伪装成各种能够讨好别人的模样，希望能够换来什么好处，但是他们从来没有想过，面具，总有被撕下的一天。

老于世故的人是不诚实的，他们总是防着别人，所以总想用谎言来掩饰自己的本意；老于世故的人，是狡猾，他们对任何事情都有着高明的手段，所以总是能够牺牲他人的利益而成全自己；老于世故的人，会利用一切可利用的因素，向人们展示他的伪善，而事实上他们总是怀有另一种目的和阴谋。可是，尽管老于世故的人很聪明，但是狐狸的尾巴总有露出来的一天。他们迟早会被人戳穿假面目，不会有好下场。

王莽乃汉元帝皇后王政君之侄。幼年时父亲王曼去世，很快其兄也去世。王莽孝母尊嫂，生活俭朴，饱读诗书，结交贤士，声名远播。

王莽对其身居大司马之位的伯父王凤极为恭顺，因此王凤临死嘱咐王政君照顾王莽。汉成帝时，王莽初任黄门郎，后升为射声校尉。王莽礼贤下士，清廉俭朴，常把自己的俸禄分给门客和穷人，甚至卖掉马车接济穷人，深受众人爱戴。其叔父王商上书愿把其封地的一部分让给王莽。

永始元年（公元前16年）王莽被封新都侯，骑都尉，光禄大夫侍中。绥和元年（公元前8年）继他的三位伯、叔之后出任大司马，时年38岁。翌年，汉成帝薨。汉哀帝继位后丁皇后的外戚得势，王莽退位隐居新野。其间他的二儿子杀死家奴，王莽逼儿子自杀，得到世人好评。汉平帝死后，立年仅两岁的孺子婴为皇太子，太皇太后命王莽代天子朝政，称"假皇帝"或"摄皇帝"。从居摄二年（公元6年）翟义起兵反对王莽开始，不断有人借各种名目对王莽劝进称帝。初始元年（公元8年）王莽接受孺子婴禅让后称帝，改国号为新，改长安为常安，开中国历史上通过篡位做皇帝的先河。

后来托古改制，进行改革，但由于贵族、豪强破坏，改制没有缓和社会矛盾，反使阶级矛盾激化。又对边境少数民族政权发动战争，赋役繁重，横征暴敛，法令苛细，终于在公元17年爆发了全国性的农民大起义。公元23年，新王朝在赤眉、绿林等农民起义军的打击下崩溃，王莽也在绿林军攻入长安时被杀。

唐代诗人白居易的诗说得最是精彩:"周公恐惧流言日,王莽谦恭未篡时。向使当初身便死,一生真伪复谁知。是啊,伪君子就是这样,表面满嘴道德,暗地里却任意妄为。"

老于世故的人常常是伪君子,是阴险的道德家,说着言不由衷的谎话,干出欺世盗名的勾当。他们有蜜糖般的谎言,有处心积虑的幌子以及儒雅的外表和夸张的表情。他们有着慢条斯理的言辞、文绉绉的腔调,甚至连举止都是温文尔雅的。可是,他做出来给人们看的一面,跟他内心里想的,实在是有太大的差别。

当然,老于世故的人因为手段高明,所以经常玩弄他人于股掌之中,可是,一旦他们的计谋被揭穿了,露出了真正的面目,就会落到众叛亲离的下场,再也不会有人愿意守在他的身边,伴随他并且相信他了。

可见,做人不能太圆滑,不能太虚伪,伪善的面目总有被拆穿的一天,面具总有被撕下来的时候。

真实让你更受欢迎

总是有人对自己不满意,总是想着要把自己变成一个"完美"的,但却不是自己的人。但其实,当你接受自己之后,你会发现奇迹降临在了你的身上。

西方有一句格言:"热爱自己是终生浪漫的开端。"

奥格·曼狄诺指出:"接受你自己的一切,就像是在对你自己说:'我也许不完美,但我就是我,这没有关系。'"当你对自己的某一方面不满意的时候,你可以将它们看作是你整体中的一小部分,正是因为有这些令你不满意的地方,你才成为了你。

试着去接受自己,不要刻意去掩饰不足或犯过的错误,更不要去假装自己是另外一个人。一个坏透的人肯定不受人欢迎,可是,一个好人也常常让人难以承受。处处想要掩饰自己的人,不仅让自己步履维艰,也让周围的人感到窒息。

肯尼迪是美国第35任总统,然而,他其实犯过许多严重的错误,例如,他曾经制造著名的"猪湾事件",他试图入侵古巴,结果遭到惨败。像这样大的军事失误无论发生在怎样出色的领导人身上,普通人都会认为它会给领导人的形象大打折扣。令人费解的是,"猪湾惨败"非但没有降低肯尼迪的个人声誉,反而使他在公众心目中的魅力更进一步。原因在于由于这次错误,肯尼迪的形象更加真实、丰满——人们更加喜爱这位"也会犯错"的总统。心理学家猜想,之所以会出现这种情况,正是这次失误使人们相信,即使是当时新闻媒体描绘得几乎完美无缺的总统也难免会犯错误。而在犯错误后他承认了自己的错误,这反而使公众觉得和总统的心理的距离拉近了,从而越发喜欢这个总统。

尽管人们喜欢完美无缺的人,然而真正面对这样的人时,却又会产生重重的距离感,"人非圣贤,孰能无过?"毕竟,从古至今，所谓"无过"的人就算是圣贤了，谁曾经见过呢？

除了打消距离感之外，本色为人，不掩饰自己的失误还能给人一种真实的感觉。

中国杂技团在国外演出也曾经出过错。然而，当地的观众并没有因为演员的一时失误而冷嘲热讽，相反前去观看演出的人络绎不绝。因为人们通过杂技演员的失误了解到，他们那些惊险的动作是真的。真实会给人最深切的印象。

有社会心理学家做过一个实验来探索什么样的人更受欢迎。他是这么做的：在一个有四位选手激烈竞争的演讲会上，他让其中两位表现得才能出众，而且几乎不相上下，而让另两位才能平庸。然后，他让其中一位才能出众的选手"不小心"打翻了桌上的饮料，而才能平庸的选手中也有一位打翻了饮料。那么，这四个人中什么样的人会最受欢迎呢？最后的实验结果表明：才能出众而犯过小错误的人最受欢迎，才能平庸而犯同样错误的人最缺乏吸引力。

这一实验告诉我们一个道理：有瑕疵的珍珠比洁白无瑕的更令人喜爱。只要你本身就是一个出色的人，小小的不足会使你的吸引力更增加一层。

总之，本色做人能够让你更受欢迎，因为你无法掩饰你的所有缺陷，即使你成功地掩饰了，那也只会让人对你产生距离感和不真实感，只有充分展示出自己人格真实的一面时，你才是一个活生生的人，一个闪耀着人格魅力之光的人，一个能够讨人喜欢的人。

第十二章
正道直行，走得正才能行得远

歪路暗坑多，好看不好走

对于做生意，晚清"红顶商人"胡雪岩的一贯主张是"走正路"。这里所说的"正路"，是指按照正常的方式、正常的渠道，不要用"歪招""怪招"。做生意，不能违背大原则，什么钱能赚，什么钱不能赚，心里要分得清楚，不能只顾着赚钱而不顾及道义。

胡雪岩做生意从来不怕冒险，他说："不冒险的生意人人会做，如何才能出头？"有时候，他甚至在刀头上舔血，以获得利益。但是，他同时强调，舔血之前，一定要想清楚，什么血可以舔，什么血不能舔。

有一次，胡雪岩对"档手"刘庆生说："我往外放钱，从来都是要弄清楚对方是要用钱做什么的。就比如他们买米，我一定要知道他们的米买了之后是要运到哪里去的。如果是运到不曾失守的地方，那我就会借钱给他，如果是要运到太平军那里去的，这笔生意我就不能做。我可以帮助朝廷，但是不能帮助太平军。"

在胡雪岩的眼里，他是大清的臣民，通过帮助朝廷来赚钱，自然是走正路。可是，帮助太平军，就等于是帮助"逆贼"，帮助他们就是"附逆",由此去赚钱,就是违背了大原则,即使获得再大的利润,也是不能做的。

在今天,我们来看胡雪岩的不做太平天国的生意,是存在一定的阶级局限性的,可是从一个商人的角度,能够维护自己的立场,不做违背大原则的事情,却是难能可贵的。虽然有时候,商业的竞争表现得尤为激烈,但是我们不能只顾着赚取利益而不择手段。

为商者,与利益接触最直接,稍微不注意,就可能忍受不住利益的诱惑,丧失了做人的原则。俗话说:"没有不透风的墙。"违背道义,不走正路,一旦东窗事发,必定引起万人唾骂,名利两失。所以,做生意应该从正道出发,赚取正当的利益,才能有更长远的发展。

做生意走正道,即使是利润小、失败了,改变经营策略以后,也有东山再起的机会。可是,如果违背了道义,不走正路,失败了就永远没办法再起来了,还可能把自己逼上了绝路,断送前程。

其实,做生意跟做人的道理极其相似。做人要厚道,做生意也要厚道,不能放弃原则,损人利己。在生活中,我们难免会遇到诱惑,如果为了利益就放弃了做人的原则,必将铸成大错。所以,一定要坚持做人的道德底线,只有这样,我们才能免受做错事以后自己良心的折磨,才能在正确的人生轨迹上实现自己的理想,追求自己的幸福。

站得直才能站得稳

1283年,经历了三年的囚禁,无数次的威逼利诱之后,文天祥终于求仁得仁,慷慨赴死,给后人留下一段悲壮的故事。

文天祥本来是个文官,可为了反抗元军,他勇敢地走上了战场。那时元廷派出大军,要消灭南宋,文天祥听到消息,拿出自己的家产,招募3万壮士,组成义军,抗元救国。有人说:"元军人那么多,你只有这些人,不是虎羊相拼吗?"文天祥则说:"国家有难而无人解救,是令我心痛的事。我力量虽然单薄,也要为国尽力!"后来,南宋的统治者投降了,文天祥仍然坚持抗元。他对大家说:"救国如救父母。父母有病,即使难以医治,儿子还是要全力抢救啊!"不久,他兵败被俘,坚决不肯投降,写下了有名的诗句:"人生自古谁无死,留取丹心照汗青。"表明自己坚持气节,至死不变的决心。他拒绝了元廷的多次劝降,最终慷慨就义。

有人说,文天祥真傻,宋帝都已经没了,他还在为谁效忠?况且,难道他以为他的死就可以阻挡元军的铁蹄吗?

确实,文天祥死得一点"好处"都没有,不管是对自己,还是对时局,都没有一点"好处"。但是,文天祥追求的不是"好处",他有一个更大的追求——气节。文天祥慷慨赴死不为了什么,只为保全自己的气节。

曾子说,什么样的人才能算君子呢?"可以托六尺之孤,可以寄百里之命,临大节而不可夺也,君子人与?君子人也!"

可以把年幼的君主托付给他,可以把国家的大事交代给他,面临生死存亡的紧急关头而不动摇。这样的人是君子吗?是君子啊!

所谓临大节而不可夺,说的就是气节,在道义和自己的信念的问题上,任何强权任何诱惑都不能使他有所动摇,这就叫临大节而不可夺,中国文化中还有一个词专门用来称呼这种品质,叫作"气节"。

孟子有一段话,可以作为"气节"的注解:"富贵不能淫,贫贱不能移,威武不能屈。"在道义和信念面前,有气节的人不会被财富地位所诱惑,也不会被卑贱贫穷所改变,更不会被强权所征服。这样的人才算是顶天立地的大丈夫。

1941年12月,从日本侵占香港的那一天起,留居香港的梅兰芳便毅然蓄起唇髭,没过几天,浓黑的小胡子就挂在了唱旦角的艺术家脸上。他年幼的儿子梅绍武好奇地问:"爸爸,您怎么不刮胡子了?"

梅兰芳慈祥地回答儿子说:"我留了胡子,日本人还能强迫我演戏吗?"

不久,他回到上海,住在梅花诗屋,闭门谢客,拒绝为日本人演戏。他时常在书房里的台灯下作画,仅靠卖画和典当度日,生活日渐窘迫。上海的几家戏院老板见他生活如此困难,争先邀他出来演戏,却被他婉言谢绝。

有一天,汪伪政府的大头目褚民谊突然闯入梅兰芳家,逼迫他作为团长率领剧团赴南京、长春和东京进行巡回演出,以庆祝所谓"大东亚战争胜利"一周年。

梅兰芳用手指了指自己的脸，沉着地说道："我已经上了年纪，很长时间没有吊嗓子了，早已退出了舞台。"

褚民谊阴险地笑道："小胡子可以刮掉嘛，嗓子吊吊也会恢复……"

笑声未落，只听梅兰芳一阵讥讽的话语："我听说您一向喜欢玩票，大花脸唱得很不错。您亲自率领剧团去慰问，岂不是比我强得多吗？何必非我不可！"褚民谊听到这里，脸上红一阵白一阵，支吾了两句，狼狈地离开了。

梅兰芳一身傲骨，不畏强权，为了坚守心中的正义，宁可舍弃心爱的艺术，可谓"临大节而不可夺"的典型。

即使身处逆境也坚贞不屈，始终不渝。正如于谦的《石灰吟》：粉身碎骨浑不怕，要留清白在人间。气节表现的不仅仅是人的精神状态，反映的更是人生道德观念。这里所说的道德观念，是指为了达到理想目标，生死关头不苟且偷生，淫威之下不卑躬屈膝，诱惑面前不低头弯腰的精神。

古往今来，有骨气一直是我们倡导的。从"廉者不食嗟来之食"的古训，到陶渊明不为五斗米折腰，再到李白高吟"安能摧眉折腰事权贵，使我不得开心颜"，朱自清宁可饿死也不吃美国救济粮……他们都是有骨气的中国人，都是真正挺起脊梁的大丈夫。

人活着必须要有骨气，活着就该挺起刚直的脊梁，这是做人的根本。骨气好比空气一般，看不见摸不着。但是你一旦没有了它，你将失去称之为人的资格，你的人格将因为"缺氧"而"死亡"。骨气无价，一个人失掉了骨气，做人的价值和乐趣也就无从谈起。所以，当自己的尊严受到侵犯的时候，一定要告诉自己：挺起脊梁，只有站得直，才能站得稳。

源清水自洁，正人先正己

子曰：苟正其身矣，于从政乎何有？不能正其身，如正人何？意思是假如本身公正，去从政，不必讲，当然是好的。"不能正其身，如正人何？"政者正也，要正己才能正人。假使自己不能端正做榜样，那怎么可以扶正别人呢？

孟子为人正直，说话也耿直，他说梁惠王"庖有肥肉，厩有肥马，民有饥色，野有饿殍，此率兽而食人也。兽相食，且人恶之；为民父母行政，不免于率兽而食人，恶在其为民父母也。"意思是说厨房里有肥嫩的肉，马棚里有壮实的马，老百姓却面带饥色，野外有饿死的人，这如同率领着野兽来吃人啊！野兽自相残食，人们见了尚且厌恶，而身为百姓的父母，施行政事，却不能免于率领野兽来吃人这样的惨剧，这又怎能算是百姓的父母呢？

这里孟子在讽刺梁惠王"上梁不正下梁歪"。无论是事业还是企业，作为领导人，总是主导着单位的发展方向和道德风气。古语云：上有所好，下必甚焉。中国自古就有"上行下效"的事情。一个领导者的意气风发或萎靡不振，都可以潜移默化地影响周围的人。

曹操被人称为"治世之能臣，乱世之奸雄"，古今向来褒贬不一。然而，虽然其功过不定任由后人评说，但他在治国治军方面却深得将士尊重，因为他深谙管理之道，正人先正己，以身作则。

麦熟时节，曹操率领大军去打仗，沿途的百姓因害怕士兵，躲到村外，无人敢回家收割小麦。曹操得知后，立即派人挨家挨户告诉百姓和各处看守边境的官吏，他是奉旨出兵讨伐逆贼为民除害的，现在正是麦收时节，士兵如有践踏麦田的，立即斩首示众，以儆效尤。百姓心存疑虑，都躲在暗处观察曹操军队的行动。曹操的官兵在经过麦田时，都下马用手扶着麦秆，一个接着一个，相互传递着走过麦地，没一个敢践踏麦子，百姓看见了，无不称颂。

然而，曹操骑马经过麦田之时，田野里飞起一只鸟，坐骑受惊，一下子蹿入麦地，踏坏了一片麦田。曹操为服众立即唤来随行官员，要求治自己践踏麦田之罪。官员说："怎么能给丞相治罪呢？"曹操言道："我亲口说的话都不遵守，还会有谁心甘情愿地遵守呢？一个不守信用的人，怎么能统领成千上万的士兵呢？"随即抽出腰间的佩剑要自刎，众人连忙拦阻。此时，郭嘉走上前说："古书《春秋》上说，法不加于尊。丞相统领大军，重任在身，怎么能自杀呢？"

曹操沉思了好久说："既然古书《春秋》上有'法不加于

尊'的说法，我又肩负着天子交付的重任，那就暂且免去一死吧。但是，我不能说话不算话，我犯了错误也应该受罚。"于是，他用剑割断自己的头发说："那么，我就割掉头发代替我的头吧。"曹操又派人传令三军：丞相践踏麦田，本该斩首示众，因为肩负重任，所以割掉头发替罪。

古人云："身体发肤，受之父母。"曹操割发代首，严于律己，实属难能可贵。要正人，先正己，自己以身作则才能约束他人。古诗云：问渠哪得清如许，为有源头活水来。只要领导这个源头清明透彻，正直无私，他经过的地方就会不含杂质，他的下属便会具有正直的人格。这也是"上行下效"的一种良性循环。

麦克唐纳上将在海军服役了42年，历任大西洋联军统帅和大西洋地区美军总司令。有一次，他向来自各军种的一群高级将领谈到领导问题时提出了自己的看法："设定路线，然后第一个带头走。假若你这样做的话，你得计算你带头的距离——保持领先一步。"美国海军陆战队和以色列陆军的指挥官都有一句座右铭——跟我来。这句话表明了富有领袖气质的领导者应持有的领导方法。同时，这也是富有领袖气质的领导者身上熠熠生辉的特色之一。以色列陆军对带头指挥抱着特别认真的态度，在作战时，指挥官都在最前面。他们的名言是："假若你是军官，这就是你付出的代价，你必须走在最前面。"以色列人在战场上也是这样做的。每次和邻国作战时，他们都实践着这一理论。尽管军官的伤亡非常高,但他们仍然如此,因为他们知道领导者必须走在所有部属的前面。正因为这样,以色列拥有了一支上下同心的常胜军。

这样做的不单只有以色列陆军。在第一次世界大战期间,麦克阿瑟将军的一位部下米诺赫尔将军说:"我怕总有一天我们会失去他,因为在战况最危急的时候,士兵们会发现他就在我们身边。在每次前进的时候,他总是戴着军帽,手拿着马鞭,和先头部队在一起。他是激励士气的最大资源,他这个师都忠于他。"正因如此,年仅38岁的麦克阿瑟就升任了准将。这也是榜样的力量。

榜样总是能给人以巨大的勇气、信念和力量;富有领袖气质的领导者都明白这个道理。美国前副总统林伯特·H.汉弗莱说:"我们不应该一个人前进,而要吸引别人跟我们一起前进。这个试验人人都必须做。"在他看来,以身作则是可以成为富有领袖气质的领导者的一股强大力量。

《论语》有言:"其身正,不令而行;其身不正,虽令不从。"要正人,先正己,自己以身作则才能约束他人。一个好的领导就是下属的榜样,而榜样的力量是无穷的。因此,领导要想正人必先正己,"上清而无欲,则下正而民朴"。要求别人做的,自己首先要做到;禁止别人做的,自己坚决不做。唯有如此,才能真正地发挥出自我影响力,塑造一流的团队,也还自己一个完满、精彩的人生。

第十三章
通情达理,世态人情皆是道

认真但不必"较真"

两千多年前,雅典政治家伯利克里曾经给人类说过一句忠言:"请注意啊!先生们,我们太多地纠缠于一些小事了!"这句话,对今天的人们来说仍然值得品味和借鉴。

我们每天都可能遇到各种各样的小事:挤公共汽车时,有人不小心踩了你的脚;买菜时,有人无意间弄脏了你的裙子;走在路上,可能不巧从道旁楼上落下一个纸团,正打在你头上……受了委屈,忍一忍就过去了,可是,如果我们揪住这些小事不放,口出污言秽语,大发雷霆之怒,就一定会凭空给自己惹出很多不必要的事端。

20世纪80年代末,在某地曾经发生过这样一件事:有一个年轻女子在看电影时,被后面的男观众无意间碰了一下脚,尽管男观众当面道歉,但那名女子仍然不依不饶。她硬说对方是耍流氓,竟然回家叫来丈夫将那个人用刀砍伤解气。结果,因触犯刑律,夫妻俩双双锒铛入狱。

在小事上斤斤计较,常常成为损害人际关系的一大诱因。这种悲剧不仅在平常人中屡见不鲜,就是在一些卓有成就的名人中也时有发生。俗话说"祸从口出",人们常常会犯把话说满的错误。话说得太满，一般会导致两种后果：一是听者不服，故意找碴儿使绊儿；二是自己没有回旋的余地，搬起石头砸自己的脚。无论哪种，都不是好结果。

清乾隆年间，员外郎海升的妻子乌雅氏死于非命，海升的内弟贵宁状告海升将他姐姐殴打致死，海升却说乌雅氏是自缢而亡。案子越闹越大，皇上派左都御史纪晓岚审理此案。

纪晓岚接过这桩案子，也感到很头痛。因为牵扯到阿桂和和珅。他俩都是大学士兼军机大臣，并且两人有矛盾，长期明争暗斗。海升是阿桂的亲戚，原判又逢迎阿桂，纪晓岚敢推翻吗？而贵宁之所以告不赢不肯罢休实际是得到了和珅的暗中支持，和珅的目的是想借机除掉位居他上头的军机首席大臣阿桂。

打开棺材，纪晓岚等人一同验看。纪晓岚看死尸并无缢死的痕迹，心中明白，口中不说，他要先听听大家的意见。

众大臣看过后，都说脖子上有伤痕，显然是缢死的。纪晓岚有了主意，于是说道："我是短视眼，有无伤痕也看不太清，似有也似无，既然诸公看得清楚，那就这么定吧。"于是，纪晓岚与差来验尸的官员，一同签名具奏："共同检验伤痕，实系缢死。"这下更把贵宁激怒了。他这次连步军统领衙门、刑部、都察院一块儿告，说因为海升是阿桂的亲戚，这些官员有意袒护，徇私舞弊，断案不公。

乾隆看贵宁不服，也对案情产生了怀疑，又派人复验。这回问题出来了：乌雅氏尸身并无缢痕。乾隆心想这事与阿桂关系很大，便派阿桂、和珅会同刑部堂官及原验、复验堂官，一同检验。这回终于真相大白：乌雅氏被殴而死。

于是审讯海升，海升见再也隐瞒不住，只好供出实情：他将乌雅氏殴踢致死，然后制造自缢的伪像。

乾隆一怒之下发出诏谕："此案原验、复验之堂官，竟因海升系阿桂姻亲，胆敢有意袒护，此番而不严加惩戒，又将何以用人？何以行政？"阿桂革职留任，罚俸五年；叶成额、李阆、庆兴等人革职，发配伊犁效力赎罪，皇上在谕旨中一一判明。唯独对纪晓岚，谕旨中这样写道："朕派出之纪昀，本系无用腐儒，原不足具数，况且他于刑名等件素非诸悉，且目系短视，于检验时未能详悉阅看，即以刑部堂官随同附和，其咎尚有可原，著交部议严加论处。"只给了他革职留任的处分，不久又官复原职。

纪晓岚在这个案件中之所以得到皇上的原谅，主要是他在验尸中以"我是短视眼""看不太清"为由，给自己留了退路。

在生活中，我们常常会以为认真的态度就无法放过任何一件小事，可是认真不代表要较真，不代表我们凡事都要问个究竟，凡事都说个明了。无法做明确决定时，适当使用"模糊语言"，这样才能为自己赢得主动。

辱人者必自辱

现实中，有些人自以为是，心中没有平等的观念，总喜欢拿别人的缺陷或长相来歧视他人，结果反被他人羞辱。

春秋末期，齐国和楚国都是大国。有一次，齐国派大夫晏子出使楚国。楚王仗着自己国势强盛，想乘机侮辱晏子，显显楚国的威风。

楚王知道晏子身材矮小，就叫人在城门旁边开了一个五尺高的洞。晏子来到楚国，楚王叫人把城门关了，让晏子从这个洞进去。晏子看了看，对接待的人说："这是个狗洞，不是城门。只有访问'狗国'，才从狗洞进去。我在这儿等一会儿，你们先去问个明白，楚国到底是个什么样的国家？"接待的人立刻把晏子的话传给了楚王，楚王只好吩咐大开城门，迎接晏子。

晏子见了楚王，楚王瞅了他一眼，冷笑一声，说："难道齐国没有人了吗？"晏子严肃地回答："这是什么话？我国首都临淄住满了人。大伙儿把袖子举起来，就是一片云；大伙儿甩一把汗，就是一阵雨；街上的行人肩膀擦着肩膀，脚尖碰着脚跟。大王怎么说齐国没有人呢？"楚王说："既然有那么多人，为什么打发你来呢？"晏子装着很为难的样子，说："您这一问，我实在不好回答。撒谎吧，怕犯了欺骗大王的罪；说实话吧，又怕大王生气。"楚王说："实话实说，我不生气。"晏子拱了拱手，说："敝国有个规矩：访问上等的国家，就派上等人去；访问下等的国家，就派下等人去。我最不中用，所以派到这儿来了。"说着他故意笑了笑,楚王只好赔着笑。

接着,楚王安排酒席招待晏子。正当他们吃得高兴的时候,有两个武士押着一个囚犯,从堂下走过。楚王看见了,问他们:"那个囚犯犯的什么罪?他是哪里人?"武士回答说:"犯了盗窃罪,是齐国人。"楚王笑嘻嘻地对晏子说:"齐国人怎么这样没出息,干这种事儿?"楚国的大臣们听了,都得意地笑起来,以为这一下可让晏子丢尽了脸了。哪知晏子面不改色,站起来,说:"大王怎么不知道啊?淮南的柑橘,又大又甜。可是橘树一种到淮北,就只能结又小又苦的枳,还不是因为水土不同吗?同样道理,齐国人在齐国安居乐业,好好地劳动,一到楚国,就做起盗贼来了,也许是两国的水土不同吧。"楚王听了,只好赔不是,说:"我原来想取笑大夫,没想到反让大夫取笑了。"

从此以后,楚王不敢不尊重晏子了。

楚王的等级观念根深蒂固,所以很轻视晏子乃至齐国。晏子知礼且据理力争,几个回合下来,楚王输给了晏子,并且心服口服。假如当初晏子不顾礼节,面对楚王的挑衅勃然大怒,那只会惹来楚国君臣的耻笑而已。

以前有一个秃子,一天他出门在外,住进一家小店,对面住了个麻子。月光照在麻子的脸上,秃子越看越有趣,就忍不住吟出一首诗:

脸

天排

糯米筛

雨洒尘埃

新鞋印泥印

石榴皮翻过来

豌豆堆里坐起来

秃子把麻子骂个痛快，很是得意忘形，就对麻子说："老兄，你能从一个字吟到七个字吗？"

麻子说："你吟罢了，我再模仿便没有味道，不妨我从七个字吟到一个字如何？"麻子就吟出一首诗：

一轮明月照九州

西瓜葫芦绣球

不用梳和蓖

虫虱难留

光不溜

净肉

球

秃子一听羞得满面通红，再也说不出话来。

戏弄别人，却被他人嘲笑，这便是居心叵测的人的下场。

戴尔·卡耐基警告人们："要比别人聪明，却不要告诉别人你比他聪明。"任何自作聪明的批评都会招致别人的厌烦，而缺乏感情的责怪和抱怨则更有损于人际关系的发展。

在日常生活里自以为是、动辄侮辱他人的人，往往会令人生厌而自讨没趣。

锦上添花,不如雪中送炭

帮助别人会有两种情形:一种是"量变的帮助",就是说你的帮助不会给别人带来特别重要的转变,但能让对方变得更好,这就是锦上添花;还有一种是"质变的帮助",就是在别人危难之际给予的帮助,这种时候的帮助很有可能使对方产生大的转变,甚至可能会是生命的转机,这就是雪中送炭。

比起锦上添花,雪中送炭更容易深入人心,让人没齿难忘。受到帮助的人往往会心存感激,寻找机会报答。

1923年的全球经济危机影响了英格兰曼彻斯特的一个叫小约翰的手工业作坊。

随着经济萧条,物价暴涨,小约翰所在的作坊的生产线和资金链都出现了严重的困难。眼看破产在即,朋友建议以裁员的方式来渡过困境。小约翰考虑良久,想不出更好的方法,准备采纳朋友的建议。老约翰则不同意裁员,说什么也不肯改变主意,而且当场解除了小约翰的职务。

一天中午的午饭时间,作坊的工人照例来到了餐厅吃饭。老约翰也来到了工人餐厅,当他看到这些一脸憔悴、脸色苍白的工人们吃着清汤寡水、一点油腥都没有的饭菜,他立刻买来3英镑的牛肉,真诚地说:"现在公司很困难,我们要齐心协力,共同渡过这个难关。从今天起,每天中午我都会在这里和大家一起吃饭,每天少不了3英镑的牛肉。"这一消息让工人们各个欢欣鼓舞。

那时候，老约翰夫妇一天的生活费才3英镑。但是这3英镑牛肉带来的结果是，工人们从此心存感激，更加卖力地工作，使得这个手工作坊渡过难关，最终挺过了经济危机，从小作坊成长为了一家大公司。

苏格兰有一句谚语："你送我一个糠团团，我要记你一辈子的恩；让我吃大鱼大肉，我也不见得领你的情。"有点类似于中国的"斗米恩，升米仇"，送糠团团，送于危急时刻，能够救一条命，可见患难见真情；虽是大鱼大肉，但是被帮助的人并不缺这些，这是可有可无的东西，所以感激的程度就会大不相同。感恩糠团是因雪中送炭，大鱼大肉只是锦上添花，即使没有也不影响大局，不会危及生存。所以，关键不在于你给予了对方什么，而在于你是在什么时候给予的。很多时候，一次雪中送炭不会让你付出太多，却可以让你收获许多。

在美国纽约的曼哈顿城，有一座著名的渥道夫·爱斯特利亚饭店。这家饭店的第一任总经理乔治·伯特先生，原先只是一家旅馆的服务生，一个偶然的机会，他因一次雪中送炭的善心改变了人生。

故事发生在很多年前的一个暴风雨之夜，乔治·伯特还是一家旅馆的服务生，当他值班的时候，他看到有一对老年夫妇走进大厅。这对老夫妇提出要订客房。乔治·伯特很遗憾地告知他们，旅馆的客房已经满了。同时，由于最近这里人流量很大，连附近的旅馆客房也告罄了。

虽然他说的是实话，但是当他看到老夫妇焦急无助的样子时，他还是很过意不去，于是，就真诚地对他们说："先生、太太，在这样的夜晚，我实在不愿看到你们离开这里却又投宿无门的处境，如果你们不嫌弃，可以在我的休息室里住一晚上，那里虽然不是豪华的套房，却十分干净。"

这对老夫妇最后还是决定接受伯特的好意，住了下来。第二天退房结账的时候，伯特却推辞说："我的休息室不是客房，所以这是我借给你们的房间，是免费住的，不需要付钱。"

老夫妇感谢了一番后，老先生温和地对伯特说："像你这样的员工是每一个老板梦寐以求的，也许有一天，我会送给你一座新的旅馆。"

这样的话伯特当然不会在意，所以他只是礼貌地笑了笑作为答谢，不久就忘了这件事。

直到几年之后，他突然收到一封老先生的来信，邀请他去曼哈顿，并附上了起程的飞机票。当他带着困惑赶到曼哈顿时，在一栋豪华的建筑物前，他见到了老先生。老先生看着惊讶的伯特，微笑着解释说："我的名字叫威廉·渥道夫·爱斯特。这就是我为你盖的饭店，我请你帮我管理这家饭店，好吗？"于是，乔治·伯特成为这家饭店的第一任总经理，他果然不负厚望，在短短的几年里，将饭店管理得井井有条，驰名于全美国。

人难免会碰到失利受挫或面临困境的情况，毕竟没有谁的一生都是一帆风顺的，这时候最需要的就是别人的帮助，这种帮助就是能够让他人铭记一生的雪中送炭。锦上添花的事，固然也需要，但给人带来的情感冲击远远不如雪中送炭。

其实，很多时候，雪中送炭甚至不一定非要送东西，一句话，一个姿态就足够了。

王妍是某学院学工处的一名职员，她与经管系的系主任刘某关系处得非常好，而据小道消息说经管系系主任很可能年内就会调任学工处处长一职，这样看来王妍将来的日子会比较好过了。然而世事难料，年底人员调整时，刘某却被调去当图书馆馆长了。这样一来，许多原本巴结刘某的人立刻散得一干二净，让刘某见识到了什么叫人走茶凉。就在这时，王妍来找刘某，说道："刘主任，这没什么大不了的，哪天咱们一起去逛街散散心吧！"这正是刘某最难过的时候，王妍的出现感动得刘某真不知道说什么好。从那以后王妍有事没事就过去找刘某聊天、逛街。一年半后，该学院的院长调走了，新来的院长把刘某提拔为主管人事的副院长，王妍也因为工作出色且人际关系处理得好，成了新一任的学工处处长。

人在低谷的时候，最需要别人的安慰和鼓励，如果这个时候能够给予真心的关怀，那么对方一定会记住你的好，并找到适当的时候给予报答。

所以，与人交往，并不需要花费过多的金钱，与其去锦上添花，不如懂得对方需要什么，从而雪中送炭。

第十四章
贫不可媚,富不可骄

得意不能忘形，失意不可失态

踌躇满志、春风得意是人人都向往的人生境界。但得意者绝对不能忘形，对自己的言行举止、姿态形象一定要有清醒的认识，要时不时地回头看看自己的尾巴是夹在裆下，还是翘到了天上。一旦露出失态的尾巴，就很可能被别人抓住，到那时可能连"落水狗"的命运都不如。

在 20 世纪 60 年代的小学课本上，选有《狮子和蚊子》这样一篇寓言，讲的是狮子与蚊子间的一场大战。按能力来说，蚊子与狮子无法比拟，但在实战中蚊子却胜利了。因为狮子捕不到它，它却在狮子的眼睛上、耳朵上叮得都是"包"，使狮子有力使不上，最后把自己抓得头破血流，只得认输。蚊子有了战胜狮子的辉煌战绩，的确风光。于是它得意忘形了，吹着得胜的喇叭到处炫耀，最后一不小心，撞到蜘蛛网上，成了蜘蛛的美餐。

这里叙述的是动物，实则讲的是人的行为。

当你被上司提升或嘉奖的时候，常常会自鸣得意吗？如果是，那你就要好好学一番涵养功夫，把你那因升迁而引起的过度兴奋压平才好。你可能已经拟订了一个非常严谨的人生奋斗计划，有些目标可能是很完善和可赞赏的。但在你没有达到这些目标之前，中途的一些升迁可以说是微乎其微的小事。也许你在施行一个计划时，一着手就大受他人夸奖，但你必须对他们的夸奖一笑置之，仍旧埋头苦干，直到隐藏在心中的大目标完成为止。那时人家对你的赞叹，将远非起初的夸奖所能企及。

美国汽车大王福特说："一个人如果自以为已经有了许多成就而止步不前，那么他的失败就在眼前了。许多人一开始奋斗得十分起劲，但前途稍露光明后便自鸣得意起来，于是失败立刻接踵而来。"

石油大王洛克菲勒说："当我的石油事业蒸蒸日上时，我每晚睡觉前总是拍拍自己的额头说：'别让自满的意念搅乱了自己的脑袋。'我觉得我的一生受这种自我教育的益处很多，因为经过这样的自省后，我那沾沾自喜、自鸣得意的情绪便平静下来了。"

一个人是否伟大，可以从他对自己的成就所持的评价和态度看出来。累积你的成就，作为你更上一层楼的阶梯吧。

人生处在顺境和成功之时最容易得意忘形，终致滋生败象，正所谓乐极生悲。看过特洛伊战争"木马屠城记"故事的人，都会记得特洛伊是怎样被毁灭的。

特洛伊人与入侵的希腊联军作战，双方互有胜负。后来联军中有人献计，假装全部撤退，留下一匹大木马，并将勇士藏在马腹内，其他的主力部队躲在城外。特洛伊人望见远去的舰队，以为敌人真的撤退了，于是在毫无防备下，将木马拖入城内，歌舞狂欢，饮酒作乐。当他们正在睡梦中，木马中的敌人纷纷跳出，打开城门，里应外合，于是特洛伊灭亡了。

这个故事，教给我们一个做人的道理：得意时不要忘形，否则危机马上就到。有些人因为顺境连连而甚感欣慰，愉悦之情不时流露在脸上。然而，不能只是高兴，应该想想怎么才能维持好运，永远成功。

希腊雄辩家戴摩斯说："维持幸福，远比得到幸福更难。"同样的道理，好业绩得来不易，但更难的是如何保持好业绩。

得意忘形的人有很多。得意而忘形，这是许多没有远见者的共性，他们并非没有大志向，也没有大目标，只是在一种虚荣心的驱使下向前奔跑，目的只是想博得众人的喝彩，等众人的掌声一响便认为达到了人生目的，便想躺在掌声中生活，自然就忘形了，认为自己可以不再奔跑，可以昂头挺胸地在人群中炫耀了。

忘形应该说是一种误解，一种把暂时的得意看成永久得意的误解，一种把暂时的失意当成永久失意的误解。只要我们明白，这个世上没有永恒的事物，一切都是暂时的、相对的、发展的，那就不会忘形了，那么人人都会生活得很美好。

人在顺境中最易忘乎所以、失去警觉，这样往往会栽跟头；人在逆境时则容易意志消沉、自暴自弃，失去前进的动力。所以，做人贵在以超然之心看待自己的得与失，要做到得意时不忘形，失意时不失态。

身在高处，应常反躬自省

越是身在高处，越要懂得反躬自省，因为一旦人的成就达到了某种高度，就很难听到来自别人的批评，而与此同时，自我感觉也会开始膨胀，最后，难免像一个气球一样飘飘然了。

这里的高处不一定是指社会地位、官职的高，同样指学问、技术等在某个领域所达到的高度，许多人在初学某些技能的时候往往会自我反省，审查自己的不足，但是到了一定的高度就会恃才傲物，不到吃尽苦头不会了解自己是多么无知。

清朝康熙、雍正时的大将年羹尧曾立下赫赫战功。尤其是在1718年参与平定西藏叛乱的过程中，当时负责清军后勤保障工作的年羹尧表现出了非凡才干，虽然运送粮饷的道路十分艰险，但是在年羹尧的努力下，清军的粮饷供应始终是充足的，从而为取胜创造了条件。

所以，年羹尧受到皇帝的重用，仕途一帆风顺，平叛战争的第二年就被康熙任命为四川、陕西两省的长官（川陕总督），成为清朝在西北地区的封疆大吏。

随着权力的日益扩大，地位日渐升高，年羹尧不懂得反躬自省，小心从事，反而以功臣自居，变得骄矜自大起来。

一次他回北京，面对到郊外去迎接他的王公大臣时一副爱理不理的样子，十分无礼。甚至于，他对雍正有时也不恭敬起来。一次，在军中接到雍正的诏令，按理应摆上香案跪下接令，但他就随便一接了事，令雍正很气愤。此外，他还肆无忌惮地接受贿赂,卖官鬻爵。

尽管满朝文武和雍正皇帝对此都颇有微议,但是年羹尧却丝毫不知道反省自己的失误,反而更加骄横。

后来,雍正皇帝终于忍受不了年羹尧,年羹尧被押送入京审讯。十二月,立案案成。议政王大臣等定年羹尧罪:计有大逆之罪五、欺罔之罪九、僭越之罪十六、狂悖之罪十三、专擅之罪十五、忌刻之罪六、残忍之罪四,共九十二款。

地位越高的人,越要时刻审查自己的失误。因为站得越高,失误被人发现的概率也就越大。所以,也就越要懂得反躬自省。

为人处世切记不能目空一切,目中无人的人本来大多都是才华横溢的,否则他也没有"骄傲"的资本,但才华横溢绝不代表不用反躬自省,因为每个人身上都有各自的缺点。

趋利避害是人的共同心理,无论是君子还是小人,在这一点上其实都是一样的,只不过有的人在功成名就时仍然"夹起尾巴做人"从而趋利避害;而有些人则得意忘形,一副志得意满、天下唯我独尊的姿态,这样的人就是典型的见利忘害。真正的处世高手,在自己得势时是不会咋咋呼呼的。

居上以仁，居下以智

春秋战国时期，很多小国为了自保和壮大，在如何治国和如何与邻国交往方面颇费心机。齐宣王就曾经为了邻国交往之道问过孟子："交邻国有道乎？"即与邻国交往有什么好的策略吗？孟子回答说，当然有。"惟仁者能以大事小，是故汤事葛，文王事昆夷。惟智者为能以小事大，故大王事獯鬻，勾践事吴。以大事小者，乐天者也；以小事大者，畏天者也。乐天者，保天下；畏天者，保其国。"

这里孟子提出了两个原则：一种是"以大事小"，这是仁者的风范，是顺应"天地万物"的乐天心理，不愿意去欺负弱小，这样可以使天下太平。另一种是"以小事大"，这是明智之举，顺从比自己强大的国家，则可以保护国家臣民的安全。这里的"天"在"天人合一"的哲学上，还包括了人事在内。人与人之间的和谐相处也要注意这一原则。就是说，在人之上要以人为人，在人之下要以己为人。

居上位时，一定要谦虚厚道，切不可仗势欺人，人生总是盛极而衰的，一个人不可能永远风光无限，繁华过后总会凋零。对于真正悟透人生的仁者来说，谦卑才是应有的心态，而以恭敬心去尊重和对待每一个人，则是他们的特征。

在林肯的故居里，挂着他的两张画像，一张有胡子，一张没有胡子。在画像旁边贴着一张纸，上面歪歪扭扭地写着：

亲爱的先生：

我是一个11岁的小女孩，非常希望您能当选美国总统，因此请您不要见怪我给您这样一位伟人写这封信。

如果您有一个和我一样的女儿，就请您代我向她问好。要是您不能给我回信，就请她给我写吧。我有四个哥哥，他们中有两人已决定投您的票。如果您能把胡子留起来，我就能让另外两个哥哥也选您。您的脸太瘦了，如果留起胡子就会更好看。

所有女人都喜欢胡子，那时她们也会让她们的丈夫投您的票。这样，您一定会当选总统。

格雷西
1860年10月15日

在收到小格雷西的信后，林肯立即回了一封信。

我亲爱的小妹妹：

收到你15日的来信，非常高兴。我很难过，因为我没有女儿。我有三个儿子，一个17岁，一个9岁，一个7岁。我的家庭就是由他们和他们的妈妈组成的。关于胡子，我从来没有留过，如果我从现在起留胡子，你认为人们会不会觉得有点可笑？

忠实地祝愿你的
亚·林肯

第二年2月，当选的林肯在前往白宫就职途中，特地在小女孩的家乡小城韦斯特菲尔德车站停了下来。他对欢迎的人群说:"这里有我的一个小朋友,我的胡子就是为她留的。如果她在这儿,我要和她谈谈。她叫格雷西。"这时,小格雷西跑到林肯面前,林肯把她抱了起来,亲吻她的面颊。小格雷西高兴地抚摸他又浓又密的胡子。林肯对她笑着说:"你看,我让它为你长出来了。"

原来林肯的胡子是为一个小女孩而留,而这个女孩他一开始并不认识。有人说,林肯是为了拉两张选票所以才留起胡子的。其实对于一场大选,两张选票能起的作用很微小。换位思考,如果你接到类似的信,可能会一笑了之,觉得一个11岁的孩子不值得重视。可是林肯不但重视了小女孩的来信,还认真写了回信并蓄起了胡子。在人之上要以人为人,林肯做到了这点,这也是他让人们拥护和爱戴的原因之一。

第十五章
谦恭礼让,以退为进

做事谦恭，不给别人压力

妻子太能干，丈夫就会觉得自卑；家长太能干，孩子就会变得懒惰；员工太能干，就会遮盖上司的锋芒；领导太能干，下属就会跟不上进步的脚步……有时候能干也会给人无形的压力，你的亮度容易遮掩别人的光芒。

因为太能干，所以常会给别人一种压力。普通的人会在太能干的人面前产生自卑，而同样能干的人，又会彼此排挤，所以太能干的人经常是孤独的，不被人理解的。虽然表面光鲜，却要承担常人想不到的痛苦，经历常人无法承受的责难。

因为太能干，上司总是害怕冲击到他的地位，害怕自己的权威受到威胁，这就是公司里太能干的员工为什么不受欢迎的原因。所以，在生活中，如果我们具有超乎常人的本领，也要学会低调，只有这样才能让自己免于排挤，才能安全地发展自己的事业。

唐代孔颖达，字仲达，8岁上学，每天背诵一千多字。长大后，很会写文章，通晓天文历法。隋朝大业初年，举明高第，授博士。隋炀帝曾召天下儒官，集合在洛阳，令朝中士与他们讨论儒学。孔颖达年纪最小，道理说得最出色。那些年纪大、资深望高的儒者认为孔颖达超过了他们是耻辱，便派人暗中刺杀他。孔颖达躲在杨玄感家里才逃过这场灾难。到唐太宗，孔颖达多次上诉忠言，因此得到了国子司业的职位，又拜祭酒之职。唐太宗来到太学视察，命孔颖达讲经。唐太宗认为讲得好，下诏表彰他。但后来孔颖达便辞官回家了。

当你把别人比下去，就给了别人嫉妒你的理由，为自己树了敌人，在工作中也是这样。所以，在与人逞强之前请先三思。当然了，如果你确实有真才实学，又有很大的抱负和理想，不甘于停留在一般和平庸的阶层，那么，你可以放开手脚大干一场，但是你必须注意时刻提防周遭的嫉妒，如果不这样，你可能会遭遇麻烦。

要想使自己免遭嫉妒者的伤害，你需要注意自己的言行，尽量不要刺激对方的嫉妒心理。他人的嫉妒之心就像马蜂窝一样，一旦捅它一下，就会招致不必要的麻烦。与人相处时，没必要去计较你长我短、你是我非，更不必针锋相对，非弄个水落石出、青红皂白不可。最佳应对方式是胸怀坦荡、从容大度，对于嫉妒者种种"雕虫小技"，完全可以视若不见、充耳不闻，以更为出色的成绩来证明自己。

在人际交往中，谦让豁达的人总能赢得更多的朋友；相反，自尊自大、孤芳自赏的人总会引起别人的反感，最终在交往中走到孤立无援的地步。

安德森是个非常优秀的青年，很聪明，在大学期间是令人羡慕的尖子生。或许正是因为他太优秀了，所以别人在他眼里简直不值一提。他是一个特立独行的人，时时感到自己是鹤立鸡群。不仅周围的同学他看不上眼，连一些教授他也不放在心上，因为他们讲的课程对安德森来说实在太简单了。

学业上的优秀使安德森逐渐形成了一种优越感，因而在人际交往上常常变得极为挑剔，容不得别人有一点毛病。一次，有位同学向他借了一本书，书还回来时弄破了一点，虽然那位同学一再向他表示歉意，但安德森仍然无法原谅他。尽管碍于面子，他当时什么话也没说，然而从那以后，他再也不愿理睬那个借书的同学。渐渐地，安德森成了其他同学眼中的"怪人"，大家不再和他交往。这种"集体排斥"并没有阻碍安德森在学业上的成功。

安德森的功课门门都很优秀，年年都获得奖学金，代表学校参加过国际竞赛并获得了奖项。许多老师和学生都一致认为，他是一个难得的天才。数年寒窗苦读后，安德森以优异的成绩毕业，顺利进入一家待遇优厚的大公司。他心中对未来充满了憧憬，准备干出一番轰轰烈烈的事业。

不过，上班后的生活远远不像在学校里那样简单，每天都少不了和上司、同事、客户等各种各样的人打交道，安德森对此感到十分厌烦。原因在于，他在与人交往时仍然抱着那种挑剔的心理，一旦与人接触就对他人的弱点非常敏感。他对别人的挑剔越来越严重，逐渐发展成对他人的厌恶。他讨厌平庸的同事、低能的上司。

结果，安德森与周围人的关系搞得很紧张，彼此都感到很别扭。他经常与同事闹得不可开交，常常因一些微不足道的小事而与上司发生龃龉。终于有一天，安德森彻底变成了一个无人理睬的闲人了。尽管他确实很有才干，但上司不再派给他任何任务，同事们也像躲避瘟疫一样远离他。在走投无路之际，他被迫写了一份辞职书，结果马上得到批准。

随后，安德森又到别处应聘，可是一连换了四五家公司，竟然没有一家令他感到满意。这位原本前途一片光明的青年，心情变得越来越苦闷，日益形单影只。在巨大的痛苦煎熬下，他的精神逐渐崩溃，最后被送入医院。

做人太把自己当回事了，就容易挑三拣四、忘乎所以、刚愎自用，工作中，与人相处之时就会吹毛求疵。这样的人，即便本领再高强，也不会受人尊敬、被老板重用。而且，一个太拿自己当回事的人，即使不在言谈之中将这种态度表露出来，他的顾影自怜、孤芳自赏也足以令许多人讨厌、不悦。因此，做人要放低姿态，不要刻意凸显自己，这样才能与同事友好相处，为自己赢得好人缘。

谦和有礼，是立身的法宝

有一次，孔子的儿子孔鲤快步走过庭院，正好被孔子看到，孔子喊住孔鲤，问道："学礼没有？"孔鲤摇摇头，说："还没来得及学呢。"孔子挥一挥衣袖："不学礼，无以立！"不学习礼,你就无法立身处世,快回去学礼!孔鲤就跑回去学礼了。

这就是"庭训"一词的来历,从中我们可以看到孔子对"礼"的看法,他认为,"礼"是一个人在社会上立身的根本,一个无礼之人,是无法立足的。

所以孔子也常教导他的学生要学习礼、懂礼,那么他自己是怎样做的呢?

"子见齐衰者、冕衣裳者与瞽者,见之,虽少,必作;过之,必趋。"当做官的人、穿丧服的人,还有盲人路过他面前时,不管这个人多么年轻,他也一定要站起来;如果他要从这些人面前经过,他就小步快走,以表示对这些人的尊敬。

对有官位的人,应该表示尊敬;身上戴孝的人是遭遇不幸的人,对他们也应该表示尊敬;盲人,用今天的话来说,叫"弱势群体",对他们更应该表示尊敬。

《论语·乡党》记载:"乡人饮酒,杖者出,斯出矣。""乡人傩,朝服而立于阼阶。"乡亲们一起行饮酒礼,仪式结束后,孔子总是要等拄手杖的老人出门后,自己才走,绝不与老人抢行。乡亲们举行驱除疫鬼的仪式,孔子一定穿着朝服,恭敬地站在东面的台阶上。

美国成功学家马尔登说:"文明的举止,还有这背后所蕴藏的对人的体谅、关心,是我们人生的一笔巨大财富。"不同的举止,可以使我们或者恼怒,或者平静;或者兴高采烈,或者羞愧难当;或者与禽兽为伍,或者与圣贤同列。这种东西好像是我们日常呼吸的空气一般,平时我们感觉不到它的存在,但润物细无声,天长日久,一点一滴地对我们产生作用。

苏联宇航员加加林乘坐"东方号"宇宙飞船进入太空遨游了 108 分钟，成为世界上第一位进入太空的宇航员。加加林能在 20 多名宇航员中脱颖而出，起决定作用的是一个偶然事件。

　　原来，在确定人选前一个星期，主设计师罗廖夫发现：在进入飞船前，只有加加林一人脱下鞋子，只穿袜子进入座舱。就是因为这个礼节，加加林一下子赢得了主设计师的好感。罗廖夫感到这个 27 岁的青年如此懂得规矩，又如此珍爱自己为之倾注心血的飞船，于是他决定让加加林执行这次飞行。

　　正是因为脱鞋入舱这一基本的礼节，使加加林走进了太空，无独有偶，德国有一句谚语叫"脱帽在手，世界任你走"，跟孔子的"不学礼，无以立"异曲同工。

人生在妥协中逐步推进

　　一个人一生中做得最多的事恐怕就是妥协，妥协是现实人生的一个事实。

　　人生就是一个不断的妥协，人生就是一个巨大的妥协；人际关更是一种妥协，一种没有商榷余地的妥协。可是，虽然人们无时不在使用它，但人们对它的"官名"——妥协，却不太熟悉，不知道，知道了也不爱承认它。年轻气盛时，更不愿正视妥协，以妥协为耻。殊不知妥协不仅是现实人生的一个铁的事实，是一种理性，一种策略，更是一种绝高的社交智慧。如果我们认为发展是硬道理，那么，妥协便是发展的硬道理。

19世纪中期的美国，在木材行业中，经营规模很大而又获得成功者却为数很少，其中经营得最好的莫过于费雷德里克·韦尔豪泽。

1876年，韦尔豪泽意识到，如果没有伐木的权利，木业公司就会衰落，于是他开始实行一个大规模购买林地的计划，他从康奈尔大学买进5万英亩土地，后来继续买进大量土地，到1879年，他管辖的土地大约有30万英亩。而正在此时，一个重要的木业公司——密西西比河木业公司吸引了韦尔豪泽的兴趣。该公司具有很多的土地及良好的木材，由于经营者方法不对，导致公司效益不好。于是韦尔豪泽决心收购该公司。在经过双方的接触后，双方同意促成这个买卖。

在收购该公司的价钱上，双方展开了一场激烈的谈判。按该公司的要求，要价为400万美元，而韦尔豪泽则千方百计想把价钱压得低一点。于是他派了一名助手直接与该公司谈判，要求只给200万美元，态度异常坚决，并大讲道理。在经过双方的激烈争执后，韦尔豪泽闪亮登场，以一个中间人的身份出现，建议二者都做出一些让步，并提出自己的方案，声明：若就此方案也达不成协议，你们不必继续谈判。卖方正在苦恼之时，见有些"松动的"迹象，自是欣喜。这样，只做了小的修改即达成协议，而买方所得的条件也比原来料想的好得多，最终以250万美元成交。

他的"妥协"收到的效果是显而易见。从此，韦尔豪泽的事业如虎添翼，20世纪初，韦尔豪泽通过对木材业的各方面的控制，使他的公司发展成为一个强大的木材帝国。

妥协与让步在谈判中是一种常见现象。妥协与让步不是出卖自己的利益，而是为了获得更大利益放弃小利益，可见妥协与让步应该是必要的。但是，妥协与让步也要讲究原则与心度。

不要过早妥协与让步。太早，会助长对方的气焰。待对方等得将要失去信心时，你再考虑让步。在这个时候做出哪怕一点点的让步，都会刺激对方对谈判的期望值。

你率先在次要议题上做出妥协与让步，促使对方在主要议题上做出让步。

在没有损失或损失很小的情况下，可考虑妥协与让步。但每次让步，都要有所收获，且收获要远远大于让步。

让步时要头脑清醒。知道哪些可让，哪些绝对不能让，不要因妥协与让步而乱了阵脚。每次让步都有可能损失一大笔钱，应掌握让步艺术，减少你的损失。

每次以小幅度妥协与让步，获利较多。如果让步的幅度一下子很大，并不见得使对方完全满意。相反，他见你一下子做出那么大的让步，也许会提出更多的要求。

在日常生活中，学会适当妥协，可以让你避免许多麻烦。

戴尔·卡耐基常带一只叫雷斯的小猎狗到公园散步。他在公园里很少碰到人，再加上这条狗友善而不伤人，所以，他常常不给雷斯系狗链或戴口罩。

有一天，他们在公园遇见一位骑马的警察。警察严厉地说："你为什么让你的狗跑来跑去而不给它系上链子或戴上口罩？你难道不知道这是犯法吗？"

"是的，我知道。"卡耐基低声地说，"不过，我认为它不至于在这儿咬人。"

"你认为，你认为！法律是不管你怎么认为的。它可能在这里咬死松鼠，或咬伤小孩。这次我不追究，假如下次再被我碰上，你就必须跟法官解释了。"

可是，雷斯不喜欢戴口罩，卡耐基也不喜欢它那样。一天下午，他和雷斯正在一座小山坡上赛跑，突然，他看见那个警察正骑在一匹红棕色的马上。

卡耐基想，这下栽了！他决定不等警察开口就先发制人。他说："先生，这下你当场逮到我了。我有罪。你上星期警告过我，若是再带小狗出来而不替它戴口罩，你就要罚我。"

"好说，好说，"警察回答的声调很柔和，"我知道在没人的时候，谁都忍不住要带这样的小狗出来溜达。"

"的确忍不住，"卡耐基说道，"但这是违法的。"

"哦，你大概把事情看得太严重了。"警察说，"我们这样吧，你只要让它跑过小山，到我看不到的地方，事情就算了。"主动妥协让卡耐基逃过了责罚。

人们往往只强调毫不妥协的精神，事实上，学会妥协，在人际交往中十分重要。

人们要正视这个事实，学会妥协的睿智和技巧。事实上，人生极需要这种技巧、智慧和策略。在低调对待的妥协社交中，人们才会有双赢的可能，人们也才会避免两败俱伤的结果。学会妥协，是人生的大学问。其实妥协，就是以退为进的智谋。古人很懂这个道理，他们总是以表面上的退让、割舍和失败来换取对方的利益认可，从而在根本上保证了自己更长远或更大方面的利益。

对于蛮横的人，不要去和他斤斤计较，让他一步，自己吃点亏，有了这种度量的人肯定会快乐，人际交往也会很顺利。

邓绥是东汉和帝刘肇的皇后。她自幼性格柔顺，5岁的时候，有一次，祖母为她剪发，由于老眼昏花，不小心将她的额头碰破，邓绥强忍着疼痛，一声不吭，别人问她："你不知道疼吗？"邓绥答："不是不知道疼痛。祖母疼爱我，我若喊痛，就会伤她老人家的心，所以我忍住了。"这件事反映出邓绥是个很厚道的人。

邓绥被选入宫，成为和帝的贵人。第二年，另一个贵人阴氏身为贵戚被立为皇后，从此，邓绥格外谦卑小心，一举一动皆遵法度，对待与自己同等身份的人，邓绥常常克己下之，即使是宫人隶役，她也不摆主子的谱。有一次，邓绥得了病。当时宫禁甚严，外人不能轻易进宫，和帝特别恩准邓绥的母亲兄弟进宫照顾，并且不做时间上的限制。邓绥知道后，便对和帝说："宫廷禁地，对外人限制极严，而让妾亲久留宫内很不合适，人家会说陛下私爱臣妾而不顾宫禁，也会说我受陛下恩宠而不知足,这对陛下和臣妾都没有好处,我真不愿意您这样做。"和帝听后非常感动,说:"别的贵人都以家人多次进官为荣,只有邓贵人以此为忧,这种委屈自己的做法是别人比不了的。"从此对邓绥更加宠爱了。

邓绥得到和帝越来越多的宠爱,不但没有骄傲,反而更加谦卑。她知道阴氏的脾气,也隐隐约约感到阴氏对她的忌恨,所以对阴氏更加谦恭,每次皇帝举行宴会,别的嫔妃贵人都竞相打扮,只有邓绥独穿素服,丝毫没有装饰。当她发现自己所穿的衣服颜色有时和阴氏相同时,立即就会更换。若与阴氏同时晋见,从不敢正坐。和帝每次提问,邓绥总是让阴氏先说,从不抢她的话头。

邓绥以自己的谦恭进一步赢得了和帝的好感,也反衬出皇后阴氏的骄横。面对邓绥的地位一天比一天高,自己一天天的失宠,阴氏十分恼怒。后来,阴氏制造巫蛊之术,企图置邓绥于死地,不料阴谋败露,阴氏被幽禁,后忧愤而死。

阴氏死后,和帝有意立邓绥为皇后,邓绥知道后,自称有病,深处官中不露面,以示辞让。这反而坚定了和帝立邓绥为皇后的决心,他说:"皇后之尊,与朕同体,上承宗庙,下为天下之母,只有邓贵人这样有德之人才可承当。"邓绥最终被立为皇后。

邓绥以谦让的态度赢得和帝的宠爱,当上了皇后,而阴氏骄横,吃不得眼前之亏,结果却是失宠、愤怒而死。从这一成败之间,我们不难看出谦让为怀者的智慧。

第十六章
反躬自问,责人之前先责己

慎独，做自己的审判官

"慎独"二字，顾名思义，"慎"其"独"者也。《礼记·中庸》上说："莫见乎隐，莫显乎微，故君子慎其独者也。"《礼记·大学》中说："小人闲居，为不善，无所不至。"也是说在独处独居的时候能够"独行不愧影，独寝不愧衾"。曾子"吾日三省吾身"同样具有慎其独处的含义。

所谓"慎独"，汉代经学大师郑玄的解释是："慎独者，慎其闭居之所为。"也就是在一个人的时候，仍然按照道德原则行事，不做任何有损道德品质的事。

古希腊哲学家德谟克利特说："要留心，即使当你独自一人时，也不要说坏话或做坏事，而要学会在你自己面前比在别人面前更知耻。"

人活在世上，谁都难免有这样或那样的缺点和错误，谁都难免有丑陋的一面。罗曼·罗兰说："在你要战胜外来的敌人之前，先得战胜你自己内在的敌人；你不必害怕沉沦与堕落，只请你能不断地自拔与更新。"

每一种才能都有与之相对应的缺陷，如果不克服这种缺陷，这种才能就不能得到很好的发挥。一般来说，克服这种缺陷有很多方法，最重要的就是多加小心。应该看准究竟是什么样的缺陷，死死地盯住，就像你的对手寻找你的毛病那样。要充分发挥自己的才能,就必须学会"三省吾身",克服自己主要的缺陷。主要的缺陷被克服了,其他的不足就会很快克服。

君子的高贵品质往往在于其严于律己,尤其是在独处的时候。《咸宁县志》记载了"不畏人知畏己知"的故事。

清雍正年间,有个叫叶存仁的人,先后在淮阳、浙江、安徽、河南等地做官,历时三十余载,毫不苟取。一次,在他离任时,僚属们派船送行,然而船只迟迟不启程,直到明月高挂才见划来一叶小舟。原来是僚属为他送来临别馈赠,为避人耳目,特地深夜送来。他们以为叶存仁平时不收受礼物,是怕别人知晓出麻烦,而此刻夜深人静,四周无人,肯定会收下。叶存仁看到这番情景,便叫随从备好文房四宝,即兴书诗一首,诗云:"月白清风夜半时,扁舟相送故迟迟。感君情重还君赠,不畏人知畏己知。"接着,将礼物"完璧归赵"。

孔子说:"躬身厚而薄责于人,则远怨矣。"意思是多责备自己,少责备别人,怨恨就不会来了。

《三国演义》第六十二回中,写了庞统辅佐刘备进军西川时出现的一段小插曲:刘备设宴劳军,酒酣之际,刘、庞言语不和,刘备发怒,责问并驱赶庞统:"汝言何不合道理?可速退!"夜半酒醒,刘备想起自己所说的话,大悔,次早穿衣升堂,请庞统谢罪曰:"昨日酒醉,言语触犯,幸勿挂怀。"庞统谈笑自若。刘备曰:"昨日之言,惟吾有失。"庞统曰:"君臣俱失,何独主公。"刘备亦大笑,其乐如初。

本来，酒醉失言，虽然不好，但也算不得什么大错。刘备事后却一再自责，这是他自省的结果。

正直的人不会将错误掩盖，也绝不会打肿脸充胖子，他们会时时反省，不断自我完善。

反省是一种心理活动的反刍与回馈。它是把当局者变成一个旁观者，他自己把自己变成一个审视的对象，站在另外一个人的立场、角度来观察自己，评判自己。

《中庸·天命章》里有这样的话：在幽暗的地方，大家不曾见到隐藏着的事端，我的心里已显著地体察到了。当细微的事情，大家不曾察觉的时候，我的心中已显现出来了。所以君子独处的时候更加要谨慎小心，不使不正当的欲望潜滋暗长。

一个人是否具有反省能力对其为人很重要。反省可以改变一个人的命运和机缘。它在任何人身上，都会发生大效用。因为反省所带来的不只是智慧，更是夜以继日的精进态度和前所未有的干劲。当你克服了你的主要缺陷，你就会成为一个更强大的人。

孔子说："见贤思齐焉，见不贤而自省也。"意思是遇到品德高尚的人便要向他看齐；看见不贤的人，便要自省有没有同他类似的行为。孔子的学生曾子说："吾日三省吾身，为人谋而不贵乎？与朋友交不信乎？传不习乎？"就是说，我每天多次反省自己这一天做过的事，是否尽心竭力了？同朋友交往，是否诚实了？教师教授的知识是否复习了？朱熹说："日省其身，有则改之，无则加勉。"

在社会生活中，人与人之间免不了发生矛盾或产生隔阂。

如果与邻居、同事或朋友闹了别扭，只去想对方的短处，会越想越觉得自己有理，越想越觉得委屈，因而越想越生气，关系必然越弄越僵。这时不妨多宽容他人，反省自己。如果"三省吾身"，找一下自己的缺欠，就不难获得解决问题的钥匙。

一个人有缺点和过失是难免的，只要改正，就会进步。但是，往往有这样的情况：自己对别人的缺点，哪怕很小，也看得很清楚；而对自己的毛病却不易看到，甚至有时把自己的短处误认为是自己的长处。一个人的缺点和过失，不仅有害于自己，也会影响到他人。发现自己的缺点和过失，除了虚心听取别人的忠告、接受别人的批评外，还要三省吾身，也就是经常自省，这是行之有效的好办法。

从他人的眼中看自己

魏徵的死讯传到李世民耳中时，李世民痛哭流涕地说"朕失去了一面镜子"。他人是我们的一面人生之镜，因为自我认识的时候难免带有个人主观色彩，这样的评价就会有失偏颇。苏东坡有句诗"不识庐山真面目，只缘身在此山中"，用在情商上面就是关于自我认识的局限性的问题。人之所以"不识庐山真面目"——不能正确、准确、精确识别自己，就是因为当局者迷。如何借助"旁观者清"的力量来剖析自己，是完善自我认识所必需的。

了解其他经常与你接触的人对你的评价,是一个人了解自己的重要途径。你可以邀请父母或者其他经常与你在一起的人用一些形容词描述你的特点。

不过,他人对你的看法,是供你参考的。有时候,我们会发现来自他人的破坏性批评会对你有不利的影响,这时就需要你认真分辨,小心"巴纳姆效应",不要让一些错误的评价影响你对自己的信心。

心理学家把人们乐于接受一种概括性性格描述的现象称为"巴纳姆效应"。你平时所了解的所谓"星座"与性格的预测,乃至各种"算命"的解释也就是利用了这种效应。

"巴纳姆效应"一方面揭示了我们的认知心理特点,另一方面迎合了我们认识自己的欲望。

事实上,认识别人难,认识自己更难。

有一位漂亮的长发公主,自幼被巫婆关在一座高塔里,巫婆每天对她说:"你的样子丑极了,见到你的人都会害怕。"公主相信了巫婆的话,怕被别人嘲笑,不敢逃走。直到有一天一位王子经过塔下,赞叹公主貌美如仙,并救出了她。

其实,囚禁公主的不是什么高塔,也不是什么巫婆,而是公主认为"自己很丑"的错误认识。我们或许也正被他人所蒙蔽,比如父母、老师说你笨,没有前途,你也就相信了,其实这不正如那位公主吗?

许多人看不清自身的缺陷与自私自利的品德,但也有的人恰恰相反，他看不到自身的优势和优秀的品质。

有一个女孩总是怀疑自己的能力，情绪显得自卑和胆怯。直到有一天她无意中听到别人评价她"很有能力，相当出色"，才恍然大悟，从此对自己多了一份自信。

在自我认识的时候，想做到客观、全面，就必须通过他人的眼睛观测自己，有则改之，无则加勉。但切忌不要完全依赖他人，这样会走进一个不够自我、没有主见的沼泽。

自责总比指责好

抢先承认自己的错误，比让别人批评要好，会让别人对你的感觉好得多，也有利于解决问题。如果错了就干脆先由自己承认，这种方法可产生意想不到的效果。

如果觉察到别人认为你办的什么事情或者说的什么话不好，想要给你指出来时，不妨抢在他前面承认错误，使他无话可说，还会令他宽宏大度，不再认真计较你的过错。

阿尔伯特·哈伯德是位与众不同的作家。他那尖刻的言辞常常引人发怒。可他具有化敌为友的非凡才华。例如，当气愤的读者写信表示不同意他的观点并在结尾写上侮辱他的语言时，他通常这样回信："您的信我已仔细拜读，我告诉您，我本人对自己的观点也不甚满意。昨天写下的东西今天不一定都喜欢。

我非常高兴地了解到您对我所提问题的看法。您如有机会到我们这里来，请顺便到我家来共同探讨这个问题。"

任何傻瓜都会为自己的错误辩护，事实上亦只有傻瓜才如此做。肯认错的人能使他自己比别人高出一头，使人产生一种高贵的感觉。

职员麦克错误地核准了一位请病假的员工的全薪支付。在他发现这项错误之后，就告诉这位员工并且解释说必须纠正这项错误，他打算在下次薪资发放时扣除多付的金额。这位员工说这样做会给他带来严重的财务问题，因此请求分期扣回多领的薪水。但这样麦克必须先获得他上级的核准。"我知道这样做，"麦克说，"一定会使老板大为不满。当我思考如何妥善处理这种状况时，我意识到这一混乱的根源在于我的错误，我必须在老板面前承认。"

于是，麦克找到老板，说了详情并承认了错误。老板听后大发脾气，先是指责人事部门和会计部门的疏忽，后又责怪办公室的另外两个同事。这期间，麦克则反复解释说这是他的错误，不干别人的事。最后老板看着他说："好吧，这是你的错误。现在把这个问题解决吧。"这项错误改正过来，没有给任何人带来麻烦。自那以后，老板就更加看重麦克了。

没有任何一个人是完美的，当将任务交到你手上的时候，你的上司或者老板其实在心里已经对你可能出现的个别失误有所思想准备。承认错误没什么大不了，只要你敢于面对自己的错误，不仅可能会使你免受指责，你也可能因为坦诚而获得更大信任。

第十七章
不宽恕别人，就是苦自己

以恕己之心恕人

穿梭于茫茫人海中，面对一个小小的过失，常常报以一个淡淡的微笑，带来包涵谅解，这是包容；在人的一生中，常常因一件小事、一句不注意的话，使人不理解或不被信任，但不要苛求任何人，以律人之心律己，以恕己之心恕人，这也是包容。所谓"己所不欲，勿施于人"也寓理于此。

一个心中常想报复的人，其实自己活得也并不快乐。因为他的精力几乎全用在报复这件不愉快的事上了，而且就算成功他也会有种失落与悔恨交织的情感。《呼啸山庄》中的男主人公希斯克利夫先生，由于小时候受到其他人的嘲弄，发誓报复。当他回归山庄时便展开了一系列报复行动，最后许多人因此而痛苦地死去，但他那苍老的心却突然感到一种可怕的孤独，这就是对报复的报复。

忘记仇恨就是快乐。人人都有痛苦，都有伤疤，经常去揭，会添新伤。学会忘却，生活才有阳光，才有欢乐。如果没有忘却，人无法快乐，只会淹没在对过去的懊悔、痛苦和对未来的恐惧、忧虑与烦恼之中，人的大脑与神经会因不堪重负而错乱，心也会被人生必经的一切坎坷啃噬，永远没有喘息的机会；如果没有忘却，人们可能会因为人与人之间的小摩擦而终生没有朋友、没有伴侣；如果没有忘却，那么我们除了在既没有多少记忆也不需要忘却的婴儿身上看到最天真的欢愉之外，不会再看到洋溢着幸福的脸。

宽厚待人，忘记仇恨，乃事业成功、家庭幸福之道。事事计较、患得患失，活得必然很累。雨果说："世界上最宽阔的是海洋，比海洋宽阔的是天空，比天空更宽阔的是人的胸怀。"人难得在滚滚红尘中走一遭，何必自寻那么多的烦恼呢？

宽容是一种美德，是保持心灵纯净必备的素质。我们对自己总是很宽容，为什么就不能对别人同样宽容呢？如果能够把对自己的宽容施加到别人身上，相信世界会因此而更美好。

在新西兰一个度假村的大厅里，一个满脸歉意的工作人员正在安慰一个4岁的小孩，饱受惊吓的小孩哭得筋疲力尽。原来当天来的小孩特别多，由于工作人员一时疏忽，在儿童的网球课结束后，漏算了一个，将这个小孩留在了网球场。等工作人员发现人数不对时，才快跑到网球场，将那个小孩带回来。小孩因为一个人在偏远的网球场，十分害怕，哭得很伤心。

孩子的妈妈来了，看见自己哭得满脸泪痕的小孩。妈妈连忙安慰自己的孩子，并且很理性地告诉孩子："已经没事了，那个姐姐因为找不到你而非常紧张，十分难过，她不是故意的，现在你必须亲亲那个姐姐的脸颊，安慰她一下。"乖巧的孩子踮起脚尖，亲了亲蹲在他身旁的工作人员的脸颊，并且轻轻地告诉她："别害怕，已经没事了。"这位母亲成功地教会4岁的孩子，宽容别人的失误，给人以改正的机会。

宽容不是纵容，不是无原则的放纵。在邪恶、丑恶面前的退缩不是宽容，怜悯恶人也不是宽容而是亏负好人，宽容恶霸更是无异于欺压平民。宽容并不代表无能，更不是软弱的表现。处处宽容别人，绝不是怕事，也不是面对现实的无能为力、无可奈何，宽容是一种得体的淡泊，是一个人远见卓识、睿智、人格和心胸力量的体现。

苛求他人，等于孤立自己

每个人都有可取的一面，也有不足的地方。与人相处，如果总是苛求十全十美，那么永远也交不到真心朋友。在这一点上，曾国藩早就有了自己的见解，他说："概天下无无暇之才，无隙之交。大过改之，微暇涵之，则可。"意思是说，天下没有一点缺点也没有的人，没有一点缝隙也没有的朋友。有了大的错误，要能够改正，剩下小的缺陷，人们给予包容，就可以了。为此，曾国藩总是能够宽容别人，谅解别人。

曾国藩在长沙读书时，有一位同学性情暴躁，对人很不友善。因为曾国藩的书桌是靠近窗户的，他就说："教室里的光线都是从窗户射进来的，你的桌子放在了窗前，把光线挡住了，这让我们怎么读书？"他命令曾国藩把桌子搬开。曾国藩也不与他争辩，搬着书桌就去了角落。

曾国藩喜欢夜读，每每到了深夜，还在用功。那位同学又看不惯了："这么晚了还不睡觉，打扰别人休息，别人第二天怎么上课啊？"曾国藩听了，不敢大声朗诵了，只在心里默读。一段时间之后，曾国藩中了举人，那人听了，就说："他把桌子搬到了角落，也把原本属于我的风水带去了角落，他是沾了我的光才考中举人的。"别人听他这么一说，都为曾国藩鸣不平，觉得那个同学欺人太甚。可是曾国藩毫不在意，还安慰别人说："他就是那样子的人，就让他说吧，我们不要与他计较。"

凡是成大事者，都有广阔的胸襟。他们在与别人相处的时候，不会计较别人的短处，而是以一颗平常心看待别人的长处，从中看到别人的优点，弥补自己的不足。如果眼睛只能看到别人的短处，那么这个人的眼里就只有不好和缺陷，而看不到别人美好的一面。

李世民发动玄武门之变，杀死太子李建成和齐王李元吉。当天，唐高祖李渊下诏书大赦天下，并且把国家的权柄交给了李世民。

三天后，李渊把李世民册封为太子，同时下诏："自今军国庶事，事无大小，悉委皇太子断决，然后闻奏。"不久，李渊又下诏，正式传位给太子李世民，自封太上皇。从此李世民当上了大唐帝国的第二位皇帝，是为唐太宗，次年改元"贞观"，中国历史迎来了"贞观之治"的新时期。

在李世民执政初期，他感觉十分孤立，局势并不容乐观。

虽然李建成、李元吉在玄武门之变中被杀，但是他们两人以太子、齐王身份在宫廷多年，在朝廷内外和地方上都建立了相当庞大的势力网络，虽然他们死了，但原东宫、齐王的势力仍然存在，他们处于与新皇帝敌对的位置。如果不能解决掉这些不稳定因素，李世民的皇帝会做得如履薄冰。

刚一开始的时候，李世民对于原东宫和齐王府的敌对势力态度是非常强硬的。他对这两大敌对势力实行高压政策，在玄武门之变的当天，就令部将把李建成的四个儿子、李元吉的五个儿子全部杀死，斩草除根，消除后患；又下令绝其属籍，家产全部抄没。李世民手下的一些部将甚至打算将李建成、李元吉左右百余人全部斩杀，对此李世民没有反对，而是以默许来表示赞同。

只有大将尉迟敬德对李世民的做法提出了坚决反对，他力排众议，大声对李世民说："罪在二凶（即李建成、李元吉二人），他们既伏其诛，如果再连及支党，不是求得安定的良策！秦王如果想得到人心，千万不可株连过多过广！"

尉迟敬德主张不扩大打击面，这对当时安定局面来说，确实是一条良策，因此李世民很快就醒悟过来，立即制止了部将滥杀无辜的建议，同时向李渊请求下诏天下，称"凶逆之罪，只止于建成、元吉二人，其余党徒，一概不问其罪"。

这一政策的改变果然立即收到成效。在玄武门之变的第二天，曾率领原东宫、府卫兵进攻玄武门秦王势力的建成心腹将领冯立和谢叔方就来向李世民自首请罪。

在招降原东宫、齐王府余党的同时，李世民对其中的一些才干出众者更是另眼相看，将他们和秦王府臣僚同样重用，有的甚至引以为心腹。如被流放到崔州的原东宫属官韦挺，在召回之后，李世民授以谏议大夫之职，留在身边当自己的顾问，而对原太子洗马魏徵，李世民更是倾心相交，在对待原东宫属官中尤为突出。

在对原东宫、齐王府党徒实行宽容政策的基础上，李世民终于化解了敌对势力，还为自己网罗了一批文臣武将，为"贞观之治"的繁荣强盛奠定了人才基础。李世民礼葬太子李建成，又从另一个方面体现了他的"宽心"谋略。

李世民杀李建成，毕竟还是一场手足相残，所以，李世民刚即位不久，立刻下旨追封李建成为息王，谥曰"隐"；李元吉为海陵王，谥曰"刺"，一方面借谥号表明了玄武门之变的正义性，同时，也通过彰显李世民的仁爱之心而收罗了更多的人心。然后，李世民下令以礼安葬隐太子李建成，以皇子、赵王李福为李建成的后嗣，亲自送李建成棺柩到千秋殿西门，痛哭志哀。

与此同时，李世民又接受魏徵等东宫旧属的上表，允许原东宫和齐王府的属官前往送葬。李世民这一招运用得非常巧妙，因为魏徵等人的上表一方面肯定了李建成的被杀是罪有应得，玄武门之变是正义之举；另一方面又从封建礼仪上论述了送葬的道理，认为这样做既不背人臣之礼，又有利于消除原东宫、齐王府臣属的仇恨情绪。

对此李世民当然乐意接受，于是原来十分激烈的秦王府与原东宫、齐王府势力之间的矛盾也借此机会得以消除，李世民也进一步取得了各位臣僚的忠心支持和拥护。正是依靠这种宽心策略，李世民在玄武门之变后不到一年的时间内，迅速缓解了原东宫、齐王府臣属对自己的仇视情绪，并且为自己取得了更多的支持。

苛求别人，就等于孤立了自己，能够宽恕他人，才能够得到他人真心的拥护，从而为自己获得更多的支持。

宽恕的是别人，解脱的是自己

在现实生活中，难免会发生这样的事：亲密无间的朋友，无意或有意做了伤害你的事，你是宽容他，还是从此分手，或伺机报复？以牙还牙、分手或报复似乎更符合人的本能，但这样做了，怨会越结越深，仇会越积越多，结果，冤冤相报何时了。

一般人总认为，做了错事得到报应才算公平。但英国诗人济慈说："人们应该彼此容忍，每个人都有缺点，在最薄弱的方面，每个人都能被切割捣碎。"每个人都有弱点与缺陷，都可能犯下这样那样的错误。作为肇事者，要竭力避免伤害他人，作为当事人，要以博大的胸怀宽容对方，避免消极情绪的产生，让彼此回到和谐的状态。

姜达和葛枚毕业于同一所学校，又在同一个公司同一个部门做销售，一直是无话不谈的好兄弟，但是，自从一件事情之后，两人的关系彻底决裂了。

事情是这样的：一天，公司要求两人一同去拜访一位大客户，这个大客户本来很难啃，但也许是两个年轻人的锐气和诚意打动了对方，几乎没费多大力气就谈成了这笔生意，而且双方已经拟定了初步合作的意见，说是第二天就要签合同。

两个年轻人兴奋至极，决定出去喝一顿。结果，由于兴奋过了头，姜达喝得酩酊大醉，一直睡到第二天中午才醒，而此时，葛枚早不见了。等到公司之后，姜达才知道葛枚已经同那家公司签订了合同，所有的功劳也因此都成了葛枚的了。

姜达气冲冲地就去找葛枚算账。葛枚却辩解道："我本想着和你一起去，但是你烂醉如泥，怎么都叫不醒。无奈之下，我只好自己先过去了。"

这样的解释当然不能让姜达满意，然而木已成舟，因为是葛枚签订了这笔大生意，所以葛枚加了薪，成了部门经理，而姜达为此郁闷了很长一段时间，为了报复，他一直埋头苦干，勤勤恳恳地工作，一年之后，他也升职了。可是，他心里还是无法原谅葛枚，为此，他彻底和葛枚绝交了，拒绝去有葛枚在的任何场合，甚至连同学聚会都很少参加。

很多同学都来调解两人纠纷，姜达却说："我谁都可以原谅，但就是不能原谅像葛枚这样卑鄙下流的人！"后来，尽管葛枚多次亲自找到姜达，并且态度诚恳地向他道歉，姜达对葛枚的仇恨依旧浓烈。

其实，生活在怨恨和报复中的姜达日子也不好过，他无法感受到生活中的快乐。凭借自己的努力，尽管也坐到了部门经理的位置，能够与葛枚平分秋色，但是，每次双方不期而遇的时候，姜达都会面色铁青地把头转向一侧。双方这种尴尬的关系，弄得公司的同事都很不自在。

公司的总经理听说两人的关系，便把姜达叫到办公室，说："这几年，你除了恨，还有其他的感情吗？"

姜达想想，摇着头说："好像没有！我就只想着如何把葛枚比下去，只有他不好受的时候我才会感受到些许的快慰。"

听了他的话，总经理微笑着说："因为你有太多的怨恨，所以，你的生活中根本就不会有快乐。"

姜达疑惑地问道："那我该怎么办呢？难道要原谅他吗？办不到，绝对办不到！"

总经理继续循循善诱："为什么不能放下仇恨呢？这些年来，你一直生活在仇恨的阴影下，你的心灵已经被仇恨占据了，又怎么能够安置快乐呢？原谅他的过错吧，其实对你而言，放下仇恨，这也是一种解脱。"

怀着对于总经理的话将信将疑的态度，姜达尝试着与葛枚交流了一下。只用了短短的10分钟，就化解了两人之间多年的误会和积怨，他们再次成了好朋友，而姜达也感受到了从未有过的心灵阳光。

因为两人在公司中不用刻意回避对方，所以，他们的业绩一直呈直线上升，并且双双再次获得加薪、升职的机会。

后来，姜达说："也许，当年自己确实喝多了，但这些已经都不重要了。不管怎么样,我都决定原谅他了。"

有些人赞颂姜达宽容大度,有些人称颂他识大体,有大将风范,对此,他一一表示否定,他解释说:"我的目的并不高尚,我只是想解脱我自己,不再生活在仇恨的阴影之下,而唯一的办法就是原谅他。"

所以,宽容才是让自己快乐的有效方法,报复抚平不了心中的伤痕,它只会将伤害者和被伤害者捆绑在无休止的争吵战车上。印度"圣雄"甘地说得好,如果我们对任何事情都采取"以牙还牙"的方式来解决,那么整个世界将会失去色彩。

宽容是一种生存的智慧、生活的艺术,是看透了人生以后获得的从容、自信和超然。宽容是一种力量、一种自信,是一种无形的感召力和凝聚力。

而斤斤计较则是一把双刃剑,是通过惩罚别人的错误而惩罚自己。宽容的受益者不仅仅是被宽容的人,宽容别人也是解放自己,让自己的心灵得到纯净快乐。当我们抓起泥巴想抛向别人时,首先弄脏的是我们自己的手,当我们拿鲜花送给别人时,首先闻到花香的是我们自己。所以,我们一定要学会宽容,只有学会了宽容,在生命的天空中,才会拥有一片晴天。相反,若是不能够宽容别人,那么最后受惩罚的还是自己。

李丹在离婚半年后一直被严重的抑郁症和失眠症困扰,最多一个晚上能够睡着两个小时就算不错了,几夜几夜睡不着那是常有的事情。

在失眠和抑郁的双重折磨下,她消瘦了很多,体重在半年内迅速减了20斤。

李丹之所以会离婚,是源自丈夫手机上的几条暧昧短信。当时无论丈夫怎样解释,她都不能原谅丈夫,认定他在外有了别的女人。从那以后,她便如侦探一样不断地检查丈夫的手机和衣物,偷偷跟踪和调查自己的丈夫。就这样互相折磨了一年,除了那几条短信之外她再也没有发现丈夫的其他情况。但是丈夫的解释、家人的劝解,都不能使李丹原谅丈夫,最终,丈夫也不胜其扰,提出离婚。

离婚之后,经历了一系列的酸甜苦辣以后,李丹有些后悔了,她觉得当初就不该对自己的丈夫那么苛刻,如果当初能够相互多一些宽容,又怎么会闹到今天这步田地呢?

做人做事都不要太过苛刻,对人太苛刻就是对自己苛刻,最后受害的还是自己,相反,若是能够宽容别人,最后,你会发现自己也得到了解脱。所以,聪慧的人都是会宽容别人的,宽容别人的同时,其实是在帮助自己。

人有个通病,总觉得别人是错的,自己是对的。殊不知,大家来自不同的生活层面,所想所见的角度和程度不一样,加上个性、知识的差异,很容易形成观念上的分歧,特别是"以自我为中心",故此人与人之间经常有不愉快、不和谐的事情发生。在怨恨中,没有人是赢家,与其让怒气在胸中燃烧,对别人的过错耿耿于怀,不如宽容别人,浇熄自己心中的火。

第十八章
以和为贵，汇聚四海心

"和而不同"是君子之和

"和"与"同"是春秋时代常用的两个概念。"和",和谐,调和,指不同性质的各种因素的和谐统一,如五味的调和、八音的和谐。君子尚义,无乖僻之心,能和谐共处,但不盲从附和,能用自己的正确意见来纠正别人的错误意见,对不合理的事情,就要反对,所以会有不同,故说"和而不同"。"同",相同,同类,同一。小人尚利,在利益一致时,同流合污,能够"同";对有损于个人利益的事他不会干,对有利于自己的事则不管是否合于正义他都干,一旦利益发生冲突,则不能和谐相处,更不能用道义来调和人情世故,故说"同而不和"。

武则天对于反对她掌权的人进行无情镇压,但她又十分重视任用贤才,经常派人到各地去物色人才,只要发现谁有才能,就不计较其门第出身、资格深浅,破格提拔,大胆任用。所以,在她的手下,涌现出一批有才能的大臣。其中最著名的是宰相狄仁杰。

狄仁杰当豫州刺史的时候,办事公平,执法严明,受到当地百姓的称赞。武则天听说他有才能,把他调到京城当宰相。

一天,武则天召见他,告诉他说:"听说你在豫州的时候,名声很好,但是也有人在我面前揭你的短。你想知道他们是谁吗?"狄仁杰说:"别人说我不好,如果确是我的过错,我应该改正;如果陛下弄清楚不是我的过错,这是我的幸运。至于谁在背后说我的不是,我并不想知道。"武则天听了,觉得狄仁杰器量大,因而更加赏识他。

在狄仁杰当宰相之前,将军娄师德曾经在武则天面前竭力推荐过他,但是狄仁杰并不知道这件事,他认为娄师德不过是普通武将,有些瞧不起他。

有一次,武则天故意问狄仁杰说:"你看娄师德这人怎么样?"狄仁杰说:"娄师德作为将军,小心谨慎守卫边境,还不错。至于有什么才能,我就不知道了。"武则天说:"你看娄师德是不是能发现人才?"狄仁杰说:"我跟他一起工作过,没听说过他能发现人才。"武则天微笑着说:"我能发现你,就是娄师德推荐的啊!"狄仁杰听了,十分感动,觉得娄师德为人厚道,自己不如他。

像娄师德这样的人才算得上真的"和而不同",这样的人总是把整体利益放在第一位,与小人不同,小人永远把自己的得失放在首位。

"和"是职场人际关系的理想状态。在这里所主张的君子之"和",是在承认对立差异的基础上,寻求双方都可以接受的解决方案,从而使双方共生、共存、共发展。这一"和谐"的思想,不仅可以用于处理人与人的关系,也可以处理人与自然、人与社会的关系。

职场中,人们往往因为"关系"而混淆是非。如朋友之间,出现了意见分歧,即使这种事关乎道义,很多人也选择"打哈哈"糊弄过去,只要自己的利益不受损害,他们是不会抹开面子去为是非争个脸红脖子粗的,这其实正是一种对人对己都不负责的态度,如果因此导致别人或集体利益受损,则难免有同流合污之嫌。这是正人君子所不取的。

宋代的开国功臣赵普,在原则是非问题上,往往与身为一国之尊的皇上发生争执,虽然他对皇上是尽心竭忠地辅佐,但无论何时,他都始终坚持"和而不同"的做人做事原则。

赵普原是赵匡胤的幕僚,曾与赵匡胤等策划陈桥兵变,帮助赵匡胤登上皇帝宝座。后又参与制定先南后北、先易后难的统一战略,帮助太祖、太宗二帝统一了全国大部分领土。

赵普从小就学习官吏办事的方法,但读书不多。做了宰相以后,宋太祖常劝他读书,所以到晚年时他总是手不释卷,常常一回到家就关上房门,从箱子里拿出书来读,一读就是一整夜。第二天处理起政务来,总是果断利落。别人谁也不知他读的是什么书,到他去世以后,家里人打开箱子一看,只有《论语》二十篇,因此,后人传说他以"半部《论语》治天下"。

历代做宰相的人,很多都为私利着想,一切言行都要讨皇帝的欢心,绝不触怒皇帝。赵普却把治理好国家看成是自己的责任。在与皇帝发生分歧时,只要他认为自己的意见有利于国家,就犯颜直谏。

宋太宗时,赵普再次担任宰相。宋太宗因为听信了弭德超的谗言,怀疑曹彬不遵守法度,要处罚曹彬。赵普知道曹彬是冤枉的，就为曹彬分辩清楚，并且予以担保，使事情真相大白。宋太宗知道真相后叹息说："我听断不明，几乎误了国家大事。"对待曹彬一如既往。

当然，赵普不是普通人，他做事"和而不同"的出发点是社稷民生。作为普通人，虽然没有这么崇高的意图，但凡事坚持原则，力避同流合污，还是应该能做到的；否则，一旦流于"同而不和"，那就简直与小人相差无几了。

拆对手台，犹如断自己路

暑假，部门经理王贺迎来了小达和小吕两个实习助理，其中只有一个能够最后留下来成为正式员工。

到岗之后，两人每天上午学习公司章程制度，下午就上岗工作实践。一天早上，小达一边帮王贺整理资料一边说："您看，您这么忙这小吕也不见影子，真不知道说他什么。"王贺看看她，又抬眼望了一下，果然本来应该和她在一起的小吕不知去向了。

自那以后，王贺发现小吕似乎老是不在办公室，一天下午实习的时候，就有老员工到办公室就唠叨："两个新人里就小达管用，那个小吕老是神龙见首不见尾的。"

王贺听到了，就细问了一下是怎么回事，老员工一脸不高兴地说，那两个新人不管干什么，都是小达最勤快，另外那个不知道怎么回事，老爱往别处跑，回来一问还赖给小达。

有一天上班，王贺因为一些工作提前来到了公司，快到办公室门口时听见里面有人说："你去买早点吧，我请客。"另一个说："老让你请客不好，今天我请你，你去买吧。"王贺听出来了一个是小达，后一个说话的是小吕。

小达却说："不用，这打扫卫生的活适合女生，你是男生就辛苦些干跑腿的事吧！"于是，小吕出去买早餐了。

王贺在外面待了一会儿才进去，小达正转身去水房打水。王贺还没坐稳，小达就进来了："经理早啊，我给您沏茶去。"王贺叫住她："不用了，一会儿我自己弄就好。你每天都这么早，真勤快！"

小达却站在门口笑着说："小吕比我更早呢，不过，他来了就跑出去了，也不知道干什么去了。男生就是不勤快，还贪玩儿。"王贺看了看她，小吕不是被她支出去买早点了吗？他顿时全明白了。

两个月后，小达被中止试用，她坐在王贺面前眼睛哭得通红。王贺问："你知道为什么停止试用吗？"她摇摇头。

王贺对她讲："争强好胜是不错的，但是，不应该拆竞争对手的台。"她的脸立刻红了。

人与人之间的关系，有互相合作，也有互相竞争，但是，无论如何不应该相互拆台，尤其是面对既有竞争又有合作的对手时，你的拆台举动被别人看在眼里，只会给人留下你不可信任的印象。

相反，若是能够在竞争激烈的环境下依然厚道做人，保持着友善的竞争，不拆对手的台，即使是在竞争中失败了，也能够因此得到别人的刮目相看。

小蔡和小苏是同一批进入公司企划部的，两人同龄，有着类似的工作经历，而且做的都是策划。

刚开始的时候，两个人关系不错，毕竟同时来，又在一个部门。直到有一天两人无意中听到经理说，其实企划部要一名策划就够了。这一句话，让小蔡和小苏之间的关系顿时发生了微妙的变化。毕竟，谁都知道找这样一份好工作不容易。

一次，公司策划了一次大型活动，上面要求小蔡和小苏设计整个活动的全部流程和细节。两个人一商量，小蔡就把展台搭建和外联交给了小苏，自己埋头做方案策划。

几天后，部门经理来验收成果，小蔡赶紧抱着策划案过去汇报。这时小苏正在外边谈灯光的事，就打电话给小蔡，让他拿着自己设计的手册代自己汇报。小蔡找到小苏的设计，翻开一看，三个版本个个漂亮，再看自己的似乎就差了一截。他抱着两套方案发愣的当口，经理打电话来催了。小蔡心里纠结，自己这样的方案交上去，肯定会被小苏比下来。

走到经理室门口了他还没拿定主意：要是把这两份设计交上去，一对比，肯定会影响将来的评价，也就会导致自己的离开；要是把小苏放下不管，可人家嘱咐了让帮忙，这样放下也实在是太说不过去了。

最终,他还是进了办公室,把自己和小苏的策划一起交给了经理。虽说不乐意,可他还是中肯地说,小苏的策划比自己的更能体现公司的意图。

等这次活动结束,经理找到他们两个,先说小苏的设计得到了集团的认可,还笑着告诉小苏,他因为设计出色提前转正了。

小蔡想,自己当时完全可以不把小苏的稿交上去的,可以找个借口,利用一下他的设计,改好自己的再交。现在说什么也晚了,这次算是栽到自己手里了。出门时,经理喊住了小蔡,告诉他,集团公司的另一个事业部需要一位设计师,他试用期表现得踏实敬业,他已经推荐小蔡过去任职了。

小蔡听了又是惊喜又是迷惑,怯生生地问:"我明明不如小苏呀,而且公司不是只要一个吗?"经理大笑道:"这边是用一个,可别的分公司还要啊!你能够同行不相欺,还夸奖别人的设计比自己的好,这是难得的职业精神。所以,你当然没问题了。"小蔡脸一红,告诉了经理他当时的想法。经理却笑着说,谁在机会面前都会纠结,但只要最终选择了正确的就是好同志。

小蔡出门后又高兴又后怕,幸亏自己当时没有拆小苏的台,否则这机会说不定就轮不到自己了。

竞争时时刻刻都是存在的,但竞争必须是凭良心的才能相互促进,最后达到双赢的境界,若是恶性竞争,相互拆台,则必然面临双输,尤其是在同一个组织内部,竞争必须有序,不管谁拆谁的台,最终结果都是在拆组织的台,哪个企业的老板会喜欢这样的情况，会愿意接收这样的人吗？

互不相让不如互相欣赏

人与人之间总是喜欢争强好胜，互不相让。可是，没有人想到过，其实每个人都有每个人的突出点，相互之间的争斗比较完全是毫无意义。

有一则寓言读来有趣且发人深省。

五根手指闲来无事，无意中提及谁最优秀这个话题，发生了激烈的争执。大拇指洋洋得意地说："在咱们五个当中我是最棒的，我最粗最壮，人们赞美谁、夸奖谁时，都会把我竖起来……"闻听此言，食指不服气了，站出来说："咱们五个当中，我才是最厉害的，别人哪里出现错误，人都会用我把错误指出来……"中指拍拍胸脯不可一世地说："看你们一个个矮的矮，小的小，哪有一个像样的，我才是真正顶天立地的英雄……"到无名指了，它更是心有不甘："你们算什么，人们最信任的是我，当一对情侣喜结良缘的时候，那枚代表着真爱的结婚戒指戴在谁身上啊？"轮到小指发言，虽然它最不起眼，可气势却不低，它说："谁最重要，不能只看这些小事，当每个人虔心拜佛、祈祷的时候，我是站在最前面的，所以最重要的是我！"

这时，手的主人说话了："你们对我来说同样重要，谁也不比谁强，谁也不会比谁差。"

人们心中总觉得自己比人强。其实，没有一个人不如自己，虽然你在许多方面有过人之处，但总有一个方面要逊色于人。每个人都有自己的优势和劣势，所以，人贵在于自知。正所谓，知人者智，自知者明。知道自己的不足在哪，也知道别人的长处在哪，这才是智者的行为。

雪峰禅师在给弟子们讲禅的时候，说了这样一个故事。

从前有一个文士，感觉心有郁结，于是就给自己倒了一杯茶，想了想，又倒了一杯酒，一起放在桌上。看着桌上的茶和酒，迟疑着要先喝哪一杯才好。他想：心情不好的时候应该喝酒，因为喝了酒，一醉解千愁，可以沉沉地睡去。于是端起了酒，但是随即又想：心情不好时应该喝茶，因为喝了茶，使人清醒，情绪清明了，烦恼自然就消散了。一来二去，不知怎么办才好了。突然听到桌上的茶说话了："我是百草之王、万木之心，从前都是供奉帝王之家，只有公侯这样高贵的人才能品味我的香醇，当然要先喝我了。"

那人听了茶的话，点头称是，于是伸手便要端起茶，谁知立刻就听见酒笑了起来："真是可笑！从古到今，茶贱酒贵，仪狄造酒供奉大禹王，阮籍爱酒大醉三月。连能定人生死的神仙都喜欢喝酒，你怎么敢跟我比呢？当然是先喝我了！"

茶一听就愤怒了："喝了我可以使神智清醒，这是人所共知的。供养弥勒、奉献观音亦少不了我，千劫万劫以来，连诸佛都钦佩。而酒只能使家财败坏，使人淫乱，本就是五戒之一，造下过多少孽！"

酒听了极为不服气："茶是平民解渴之物，一文钱就能喝上一大碗，好酒却是风流名士所梦寐以求的。魏晋才子、盛唐名士无不心仪。茶呢？不能喝了茶引吭高歌，也不能喝了茶而挥洒笔墨，你见古来的诗人才子，有哪个是借了'茶兴'吟诗作对，写出千古名篇的？"

茶听了冷笑一声道："我倒只听说过名士好品茗，引车卖浆之流才牛饮三通酒，大醉十余日，癫狂五度。衙门的大牢里尽是些酒醉杀人的狂徒，酒后乱性的淫贼，谁曾听说有人借茶撒疯、发茶疯的！"

就这样你一言我一语的，茶和酒吵得不可开交，正在难分难解的时候，突然水说话了："你们两个吵什么吵，有什么好争功的，我都还没开口呢！天地之间四大元素——地、水、火、风，我水居其一，难道不比你们重要吗？茶得不到水，是什么样子？酒如果没有水，又是什么样子？酒若干喝，割伤肠胃；茶叶干吃，划破喉咙。可是，我却一直没说话，为什么呢，因为知道如果没有茶叶，我就失去了茶的清香，如果没有酒汁，我也不会有酒香的醇厚，失去了我们中的任何一个，茶就不是茶，酒也不成酒。这世界上本就没有万物之主、五谷之宗，如此相争，究竟能够挣出什么结果来！"

酒和茶听后大惭，不再作声。

孔子说智者乐水。水不愧是智者,一言道破了本质。一个人如果常常只看别人缺点,他就没有时间检讨自己。太过于欣赏自己的人,不会去欣赏别人的优点。我们在生活中常遇到这样的人,他们学识不高,修养不够,却总是目空一切,到处炫耀自己的学识。这样的人是浅薄的,他们不知道人外有人、天外有天的道理。独木不成林,独峰不成山,只有看到别人的长处,欣赏别人的优点,才能做到相互尊重,和谐共处,才能泡出最香的茶,酿出最醇的酒。

法国科学家普鲁斯特和贝索勒相互之间是一对死敌,他们相互之间争论了九年之久,关于"定比"这一定律,他们各执一词,谁也不让谁。最后的结果以普鲁斯特的胜利而告终,普鲁斯特成了"定比"这一科学定律的发现者。但他并未因此而得意忘形,把功劳揽为己有。他真诚地感谢曾激烈反对过他的论敌贝索勒,感谢他一次次的质疑,让自己能够把定比定律深入地研究下去。因此,他特别向公众宣告,发现定比定律,贝索勒拥有一半的功劳。

没有人是绝对完美的,也没有人是绝对不如人的,既然如此,相互之间不休止的争斗还有什么的意义呢,不如以和为贵,停止争斗,相互欣赏。

第十九章
以德报怨,化恩怨为真情

大度为怀，不活在报复的恶梦里

哲人说，没有宽容就没有友谊，没有善待就没有朋友。宽容和理解是一种力量，是朋友之间的桥梁和阳光。

生活中，确实存在很多矛盾和困难，物价上涨，住房拥挤，人际关系紧张，还有这个"难"，那个"难"，确实让人有点儿喘不过气来。诅咒、谩骂、生闷气不仅无济于事，反而给疲惫的身躯增加了几分新的负担。

在我们的生活中，恩将仇报的人是屡见不鲜的；有机会报仇却放弃，却帮助自己的仇人脱离危险的人却很少见。但只有能够做到这样的境界，才算是真正的豁达大度，才能真正地享受人生的最高境界。

1944年冬天，经过惨烈的莫斯科保卫战，苏联红军俘虏了将近两万名德国战俘，这些战俘将排成纵队走过莫斯科的大街。

莫斯科的大街上早就已经挤满了人。这些人大部分是妇女，或者是在战争中失去了父亲，或者是失去丈夫，或者是失去了兄弟，或者是失去儿子，总之，她们全都是战争的受害者。妇女们怀着满腔仇恨，朝着大队俘虏即将走来的方向望着，为了防止这些人做出过激的举动，苏军士兵和警察警戒在战俘和围观者之间。

当俘虏们出现在大街上的时候,妇女们难以抑制心中激愤的情绪,把一双双的手攥成了愤怒的拳头,士兵和警察们都紧张地阻挡着她们,生怕她们控制不住自己的冲动。

就在这时,意想不到的一幕出现了:一位穿着破旧长筒军靴上了年纪的妇女,挤到队伍前面,恳求一个警察让她走近俘虏的队伍,在得到警察的允许之后,她到了俘虏身边,从怀里掏出一个用印花布方巾包裹的东西。里面是一块黑面包,她不好意思地把这块黑面包塞到了一个疲惫不堪的俘虏的衣袋里。于是,整个气氛改变了,妇女们从四面八方一齐拥向俘虏,把面包、香烟等各种东西塞给这些战俘。

在这个故事的结尾,叶夫图申科写了这样两句话:"这些人已经不是敌人了,这些人已经是人了。"这两句话十分关键地道出了人类面对世界时所能表现出的最伟大的善良和最伟大的生命关怀。当这些人手持武器,出现在战场上时,他们是敌人;可当他们解除了武装出现在街道上时他们是跟所有别的人,跟"我们"一样,是具有共同人性的人。

苏联老百姓可以在大街上把敌人转化为人,给予友爱和关怀,把惩罚化为温暖,把伤害变成祥和,这是一件非常美妙的事。

是的,只要你冷静观察,就会发现,人们的生活本来就是苦、辣、酸、甜、咸五味俱全。生活中,看不惯的很多,理解不了的也很多,失望的也很多。但人的能力毕竟是有限的,愤世嫉俗不会改变事态的发展,不会使关系缓和。

我们要学会让自己保持一种恬淡、安静的心态，去做自己应该做的事情。整日为一些闲言碎语、磕磕碰碰的事情郁闷、恼火、生气，总去找人诉说，与对方辩解，甚至总想变本加厉地去报复，将会贻误自己的事业，失去更多美好的东西。

要想在这个社会中活得舒心、自在一些，就必须收敛自己的锋芒，用微笑和幽默化解人与人之间的怨恨和矛盾，抛开好胜和计较的狭窄心胸，对于世事和人都多一些豁达大度，我们才能笑对人生。

若得身心悦，去除仇恨心

人与人之间常常因为一些彼此无法释怀的坚持，而造成永远的伤害。如果我们都能从自己做起，开始包容地看待他人，就能让自己活得更自在、更轻松。别忘了，帮别人开启一扇窗，也就是让自己看到更完整的天空。

在生活中，也许我们每个人都曾因别人的恶意诽谤或其他打击而深受伤害，这些伤痛一直在我们的心底，从来没有被治愈过，我们可能至今还在怨恨那些伤害过我们的人。其实，怨恨是一种侵袭性很强的东西，它像一个不断长大的肿瘤，使我们失去欢笑，损害我们的健康。怨恨，更多地伤害怨恨者自己。而这怨恨，只有用包容才能化解。

包容是心与心的交融，无声胜有声；包容是仁人的虔诚，是智者的宁静。正因为深邃的天空容忍了雷电风暴一时的肆虐，才有风和日丽；辽阔的大海容纳了惊涛骇浪一时的猖獗，才有浩渺无垠。

一个周五的早晨，格兰的礼品店依旧开业很早。格兰静静地坐在柜台后边，欣赏着礼品店里各式各样的礼品和鲜花。

忽然，礼品店的门被推开了，走进来一位年轻人。他的脸色显得很阴沉，眼睛浏览着礼品店里的礼品和鲜花，最终将视线固定在一个精致的水晶乌龟上面。

"先生，请问您想买这件礼品吗？"格兰亲切地问。

"这件礼品多少钱？"年轻人问一句。

"50元。"格兰回答道。

年轻人听格兰说完后，掏出50元钱甩在柜台上。格兰很奇怪，自从礼品店开业以来，她还从没遇到这样豪爽、慷慨的买主呢。

"先生，您想将这个礼品送给谁呢？"格兰试探地问了一句。

"送给我的新娘，我们明天就要结婚了。"年轻人冰冷地回答着。

格兰心里咯噔一下：什么，要送一只乌龟给自己的新娘，那岂不是要给自己的婚姻安上一颗定时炸弹？格兰深深地想了一会，对年轻人说："先生，这件礼品一定要好好包装一下，才会给您的新娘带来更大的惊喜。可是今天这里没有包装盒了，请您明天再来取好吗？我一定会利用今天晚上为您赶制一个新的、漂亮的礼品盒……"

"谢谢你!"年轻人说完转身走了。

第二天清晨,年轻人早早地来到了礼品店,取走了格兰为他赶制的精致的礼品盒。年轻人匆匆地来到了结婚礼堂——新郎不是他而是另外一个年轻人。年轻人快步跑到新娘跟前,双手将精致的礼品盒捧给新娘。之后,转身迅速地跑回了自己的家中,焦急地等待着新娘愤怒与责怪的电话。在等待中,他的泪水扑簌簌地流了下来,有些后悔自己不该这样做。

傍晚,婚礼刚刚结束的新娘便给他打来了电话:"谢谢你,谢谢你送我的水晶天鹅,谢谢你终于能明白一切了,能原谅我了……"电话的一边新娘高兴而感激地说着。年轻人万分疑惑,什么也没说,便挂断了电话。但他似乎明白了什么,迅速地跑到了格兰的礼品店。推开门,他惊奇地发现,在礼品店的橱窗里静静地躺着那只精致的水晶乌龟。

一切都已经明白了,年轻人静静地望着眼前的格兰,而格兰依旧静静地坐在柜台后边,冲着年轻人轻轻地微笑了一下。年轻人冰冷的面孔终于在这一瞬间变成一种感激与尊敬:"谢谢你,谢谢你,你让我又找回了我自己。"

原谅也是一种风格,包容是一种风度,宽恕是一种风范。格兰只是将水晶乌龟这样一颗定时炸弹似的礼品换成了一对代表幸福和快乐的天鹅,竟在这短短的时间内最大限度地改变了一个人冰冷的内心世界。而年轻人也因此宽恕了自己,重新获得新生的勇气,去迎接他人生中的另一个幸福时刻。

包容,意味着你有良好的心理。包容,对人对己,都可成为一种无须投资便能获得的精神补品。学会包容不仅有益于身心健康，而且对赢得友谊、保持家庭和睦、婚姻美满，乃至事业的成功都是必要的。只要世人能多一点包容，少一些计较，有了一颗坦荡的心，无论做任何事，都会感到愉快而宁静。

善待敌人，你就没有敌人

马其顿王国的亚历山大和波斯帝国的大流士一直以来都是宿敌，在战场上经过无数次血流成河的搏杀都没能征服对方，但是，大流士与仆人之间的一段对话，却把两人变成了朋友。

在伊萨斯战役中，亚历山大和大流士展开激烈大战，最后大流士兵败撤退，他的随军家属却都被亚历山大俘虏了。一个仆人想办法逃到大流士那里，大流士询问自己的母亲、妻子和孩子们是否活着，仆人回答："他们都还活着，而且人们都保持着对她们的殷勤礼遇。"

大流士听完之后沉默了许久，又问："我的妻子是否仍忠贞于我？"仆人回答仍是肯定的。于是他又问："亚历山大是否曾试图对她强施无礼？"仆人先发誓，随后告诉大流士，他的王后跟他离开时一样，亚历山大是最高尚的人，是最能控制自己的英雄。

大流士听完仆人这句话之后，非常感动，对着苍天祈祷说:"啊!万能的天神!我祈求您保佑我的波斯帝国能够社稷永祚,但是如果我不能继续在亚洲称王了,我祈祷您把我的帝国交给亚历山大,千万别交给其他人,因为只有亚历山大的德行,才能配得上伟大的波斯帝国。"

亚历山大对大流士的尊重和友善打动了大流士,两个英雄惺惺相惜,成了亦敌亦友的关系。

这个世界上没有永远的敌人,如果能够善待敌人,跟敌人握握手,能够化敌为友,何乐而不为。

李恪是宁波一个水泥厂的老板,他的生意一直很火爆,直到另一个叫作王铎的水泥商也进入了浙江的市场,李恪的公司面临巨大的挑战。王铎在李恪的经销区内定期走访各个建筑公司、承包商,还到处诋毁李恪:"李恪水泥厂的水泥质量差,公司也不靠谱,都快要倒闭了。"

刚开始,李恪不以为意,他觉得王铎这样四处造谣不能伤害他的生意,毕竟他的口碑放在那里。但这件麻烦事毕竟使他非常恼火,再厚道的人遇上这样一个没有职业道德的竞争对手都会很不爽。

一个周末,李恪去普陀山拜访,正好听到一位禅师在讲,要和那些跟你为难的对手握握手。

李恪当时把禅师每一个字都记了下来,但也就在那个下午,他5万吨水泥的订单被王铎抢走了。

李恪当时就暴跳如雷,但是一想到禅师的话,他就稍稍理智了一点。

第二天下午,李恪正在安排下个礼拜的生意,突然看到一个舟山的客户正需要一批为数不少的水泥,恰好,他所需要的水泥不是李恪公司生产的,却与王铎生产出售的水泥型号相同。同时李恪也确信王铎并不知道有这笔生意。

李恪的第一想法就是:"我做不成你也别做!"残酷的商业竞争本来就是你死我活的,更何况李恪还多次被王铎造谣中伤,无中生有。

但李恪却想起了禅师的话,李格的心理斗争开始了。他左右为难,如果遵循禅师的忠告,他应该告诉王铎这笔生意。但一想到王铎在竞争中所采用的卑劣手段,李恪就气不打一处来。最后,禅师的忠告占据了他的心,李恪做了一件出人意料的事情——他拿起电话拨通了王铎的手机,很有礼貌地告诉他有关舟山那笔生意的事。

王铎瞬间感到无比惊愕与尴尬,几乎难堪得说不出一句话来,他一直结结巴巴,但很明显,他发自内心地感激李恪的帮助。李恪又答应他打电话给那位客户,把王铎的水泥推荐给他。

最后的结果是,王铎不但停止了散布有关李恪的谣言,而且同样把他无法处理的生意也交给李恪做。现在,他们成了浙江地区著名的水泥经销商。

"善待敌人,化敌为友",无疑是李恪在对付王铎这一过程中取得的最宝贵的经验。

报复的瞬间总是甜美快意的,想起来都让人觉得无比过瘾。但是如果能够向对手笑一笑，把对手变成朋友，实际的好处就更大。

在商业竞争中，总是将自己的时间和精力浪费在向别人报复的过程中，你只能与成功失之交臂。不如伸出你的手，去握对手的手！善待敌人，把敌人变成朋友。

第二十章
以不争为争,不争者常胜

不争才能赢，无为无不为

争与不争乃两种处世的态度：争者摩拳擦掌；不争者平淡处之。老子说：只有无争，才能无忧。不争的争，才是上争的策略。

与人无争，与世无争，看似一种消极的避世思想和无奈的做法，但实际上恰到好处的"与人无争"，是一种恬淡的心态，一种知晓进退规则之后的释然，也是一种不急功近利的智慧。

这是一个充满大智慧的做人与做事的哲学。可惜的是，两千多年来，能参悟和运用这一做人哲学的人如凤毛麟角。在名利权位面前，人们常常忘乎所以，一个个像乌眼鸡似的，巴不得你吃了我，我吞了你。可到头来，这些争得你死我活的人，大都落得个遍体鳞伤、两手空空，有的甚至身败名裂、命赴黄泉。当然，也有深谙此术并获得成功的人。

西汉末年，冯异全力辅佐刘秀打天下。刘秀被河北王郎围困时，不少人背离他去，而冯异却更加忠诚于刘秀，宁肯自己饿肚子，也要把找来的豆粥、麦饭进献给饥困之中的刘秀。河北之乱平定后，刘秀对部下论功行赏，众将纷纷邀功请赏，冯异却独自坐在大树底下，只字不提饥中进贡食物之事，也不报请杀敌军功。人们见他谦逊礼让，就给他起了个"大树将军"

的绰号。

尔后,冯异又屡立赫赫战功,但凡议功论赏,他都退居廷外,不让刘秀为难。

公元26年,冯异大败赤眉军,歼敌8万,使对方主力丧失殆尽,刘秀驰谕玺书,要论功行赏,"以答大勋",冯异没有因此居功自傲,反而马不停蹄地进军关中,平定陈仓、箕谷等地乱事。嫉妒他的人诬告他,刘秀不为所惑,反而将他提升为征西大将军,领北地太守,封阳夏侯,并在冯异班师回朝时,当着公卿大臣的面赐他以珠宝钱财,又讲述当年豆粥、麦饭之恩,令那些为与冯异争功而进谗言者羞愧得无地自容。

另有一民间故事也可作"不争者胜天下"的佐证。

江南有一个大家族,老爷子年轻时家里有钱,风流成性,娶了一大群妻妾,生下一大堆儿子。眼看自己一天比一天老了,他心想:这么大一个家总得交给一个儿子来管吧。可是,管家的钥匙只有一把,儿子却有一大群。于是,儿子们斗得你死我活,不亦乐乎。这时,只有一个儿子默默地站在一边,只帮老爷子干事,从不参与争斗。老爷子终于想明白了,这把钥匙交给这群争吵的儿子中的任何一个都不行。最后,老爷子将钥匙交给了不争的那个儿子。

以上两个故事都证明了同一道理——不争者胜天下,这一哲学也许更适用于我们今天的社会。

在我们这个社会里，争名夺利的事情每天都在发生，有人为的圈套，也有自然的陷阱，它们如同一个巨大的漩涡，把无数人都卷了进去。

对此，最聪明的做法是，迅速远离它。因为在横渡江河时，只有远离漩涡的人，才会首先登上成功的彼岸。

有人跟你争论，你就让他赢

总有一些不善沟通的人爱与他人争论不休，有时候甚至是为一点点鸡毛蒜皮、无关痛痒的话题争得面红耳赤，大打出手的事情也时有发生。

有A和B两位先生，A先生的性情非常固执，不肯认错。有一天，他们正在闲谈，无意中谈到了砒霜，而A先生偏说没毒，有时吃了还可以滋补身体。B先生反对A先生的主张。但A先生越是受到B先生的反对，越是要为自己主张辩护。结果，A先生为使他的主张成立，对B先生说："你不相信吗？那我们可以当场试验，我来吃给你看，到底我吃了砒霜之后会不会死。"B先生到了这时候，深恐A先生真的中毒而死，所以竭力说砒霜有大毒，劝A先生不要冒险。但B先生越是劝他不吃，A先生越是要吃给B先生看。结果A先生一命呜呼。A先生死了之后，B先生深感悔恨，说当时不该和他这样争辩。

毫无意义的争论能给当事人带来什么呢？答案是什么都没有，你会失去一位朋友或顾客，收获一个敌人和愤怒的心情。也不会有人因此而大赞你知识渊博与能言善辩，因为真正能言善辩的人是懂得如何让人心悦诚服。"会说话"而不是"会吵架"的人才是说话高手。

戴尔·卡耐基在第二次世界大战结束后不久参加了一个宴会。卡耐基左边的一个先生讲了一个幽默故事，然后在结尾的时候引用了一句话，意思是：此地无银三百两。那位先生还特意指出这是《圣经》上说的。

卡耐基一听就知道他错了。他看过这句话，不是在《圣经》上，而是在莎士比亚的书中，他前几天还翻阅过，他敢肯定这位先生一定搞错了。于是他纠正那位先生说，这句话是出自莎士比亚的书。

"什么？出自莎士比亚的书？不可能！绝对不可能！先生你一定弄错了，我前几天才特意翻了《圣经》的那一段，我敢打赌，我说的是正确的，一定是出自《圣经》。如果你不相信，我可以把那一段背出来让你听听，怎么样？"那位先生听了卡耐基的反驳，马上说了一大堆话。

卡耐基正想继续反驳，忽然想起自己的老友维克多·里诺在右边坐着。维克多·里诺是研究莎士比亚的专家，他想他一定会证明自己的话是对的。

卡耐基转向他说："维克多，你说说，是不是莎士比亚说的这句话？"

维克多盯着卡耐基说:"戴尔,是你搞错了,这位先生是正确的,《圣经》上确实有这句话。"随即卡耐基感到维克多在桌下踢了自己一脚。他大惑不解,出于礼貌,他向那位先生道了歉。

回家的路上,满腹疑问的卡耐基埋怨维克多:"你明知那本来就是莎士比亚说的,你还帮着他说话,真不够朋友。还让我不得不向他道歉,真是颠倒黑白。"维克多一听,笑了:"李尔王第二幕第一场上,有这句话。但是我可爱的戴尔,我们只是参加宴会的客人,而你知道吗,那个人也是一位有名的学者,为什么要我去证明他是错的,你以为证明了你是对的,那些人和那位先生会喜欢你,认为你学识渊博吗?不,绝不会。为什么不保留一下他的颜面呢?为什么要让他下不了台呢?他并不需要你的意见,为什么要和他抬杠?记住,永远不要和别人正面冲突。"

只要我们稍微冷静地想一想,就会发现大体上的争论没有一个人是胜利者。

想想,争吵能带给我们什么呢?能带来双方的快乐吗?能带来彼此间的尊重和理解吗?能带来深厚的友谊吗?能带来生活的安定吗?能证明你掌握的是真理,而别人的都是谬误吗?都不能。争吵所能带给我们的只是心理上的烦躁、彼此的怨恨与误解,甚至多年的夫妻会因此分道扬镳,生活因之充满了火药味。真理也不会因为你的争吵而倾向于你。争吵发生的时候,骤然升温的情绪之火灼烧你的头脑,使你烦闷、愤怒,甚至想与对方硬拼一场。对方的强词夺理、唾沫横飞令你愤恨不已，而在对方眼里，你又何尝不是同样可恶的形象。当不断升温的情绪之火达到足以烧毁你仅存的一点理智的时候，一股无以抑制的仇恨之火便由心底升起。这就足以解释为什么口角之争会发展到大动干戈的地步。

然而这种靠打口水仗以为能盈利的人们，显然是大错特错了。因为一场毫无意义的争论并不能让他人从心底里佩服我们。上升的级别越高、争论的时间越久，就越会彼此伤害，最后以一败涂地而告终。所以，最好的方式是保持宽容之心，理解对方，顾全对方颜面，妥善解决冲突。

争得有能力，让得有风度

孔子说"君子无所争"，但还有下半句是："必也射乎！揖让而升，下而饮，其争也君子。"孔子说，君子是不爱跟人争的，但也不是不争。君子有君子的争法：比方说射箭，上台的时候相互行礼作揖，比完了就下台喝酒，这才是君子之争。

这句话透露出两个内涵，首先，君子岂能不争。君子不是冤大头，欺负上门了，能不还手吗？正当的利益能不去争吗？须知儒家是一门教人为善的学问，不是"教人为软"的，更何况孔子本人都是争的好手。

鲁定公十年（公元前500年），齐、鲁两国国君会盟，孔子任鲁君的相礼（相当于今天的司仪）。会盟时，齐国要以奏四方之乐为名，刀枪剑戟，鼓噪而至，以便在乱中劫持鲁君。孔子见状，立即登上盟坛土阶，两眼直视齐景公，以礼怒斥。齐景公心知失礼，只得将这班人马斥退，并表示歉意，孔子赢得了第一个回合的胜利。在双方最后缔订盟约时，齐国突然增加一条，规定：在齐国出征时，如果鲁国不派三百乘兵车相从，就是破坏盟约。这显然是要鲁国无条件承认自己是齐国的附庸国。当时齐强鲁弱，这一条难以拒绝，但孔子又不想无条件接受，所以立即提出了另一个新条款：如果不把齐国侵占鲁国的汶阳归还鲁国，而要鲁国出兵车，也是破坏盟约。这使齐景公难堪，会后只好把占领的汶阳地区归还鲁国。孔子赢得了第二个回合的胜利。

在齐国的"霸权主义"面前，如果孔子"不争"，那不就是丧权辱国吗？但是，孔子的争，是有一个前提的，那就是"和谐"，孔子以射箭为例，说比赛之前以礼相待，比赛之后以礼相待，多么和谐的场景。

在英国的曼彻斯特城，英格兰超级足球联赛第18轮的一场比赛在埃弗顿队与西汉姆联队之间进行。比赛只剩下最后一分钟时，场上的比分仍然是1:1。

这时，埃弗顿队的守门员杰拉德在扑球时膝盖扭伤，剧痛使得他将四肢抱成一团在地上滚动，而足球恰好被传给了潜伏在禁区的西汉姆联队球员迪卡尼奥。球场上原来的一片沸腾顿时肃静下来，所有的人都在等待。迪卡尼奥离球门只有12米左右，无须任何技术，只要一点点力量，就可以把球从容打进对方球门。那样，西汉姆联队就将以2∶1获胜，在积分榜上，他们因此可以增加两分。

埃弗顿队之前已经连败两轮，这个球一进，他们就将遭受苦涩的"三连败"。

在几万现场球迷的注视下，西汉姆联队的迪卡尼奥没有用脚踢球，而是将球抱在了怀中。

掌声，全场雷动的掌声，如潮水般滚动的掌声，把赞美之情献给了放弃射门的迪卡尼奥。

即便是竞争中的两个队伍，也要保持君子风度，因为争不是恶性竞争，任何争都应该以和谐礼让为前提。这就是君子的"争"。

很多时候，往后退一步，自己才能把世界看得更清楚，行动也能更加游刃有余。与其在万般无奈的情况下撤退，倒不如主动进行战略转移，把损失降到最低，以图在其他方面谋发展。

向前一步，看似堵住别人的入口，其实也堵住了自己的出路，所以才有"退一步，海阔天空"的说法。从整个大局来看，暂时的、部分的让步类似于象棋上弃卒保车的方法，是为了更大的利益而付出的必要代价。

图书在版编目（CIP）数据

厚道：做人的高级智慧 / 陆杰峰编著. -- 北京：中华工商联合出版社，2024.6
ISBN 978-7-5158-3974-5

Ⅰ.①厚… Ⅱ.①陆… Ⅲ.①人生哲学－通俗读物 Ⅳ.①B821-49

中国国家版本馆CIP数据核字（2024）第111461号

厚道：做人的高级智慧

编　　著：	陆杰峰
出 品 人：	刘　刚
责任编辑：	吴建新　关山美
封面设计：	冬　凡
责任审读：	郭敬梅
责任印制：	陈德松
出版发行：	中华工商联合出版社有限责任公司
印　　刷：	三河市华成印务有限公司
版　　次：	2024年6月第1版
印　　次：	2024年6月第1次印刷
开　　本：	880mm×1230mm　1/32
字　　数：	145千字
印　　张：	7
书　　号：	ISBN 978-7-5158-3974-5
定　　价：	35.00元

服务热线：010 — 58301130 — 0（前台）
销售热线：010 — 58301132（发行部）
　　　　　010 — 58302977（网络部）
　　　　　010 — 58302837（馆配部、新媒体部）
　　　　　010 — 58302813（团购部）
地址邮编：北京市西城区西环广场A座
　　　　　19 — 20层，100044
投稿热线：010 — 58302907（总编室）
投稿邮箱：1621239583@qq.com

工商联版图书
版权所有　侵权必究

凡本社图书出现印装质量问题，请与印务部联系。

联系电话：010 — 58302915